U0206872

主编◎谢宇　郭志刚

社会学教材教参方法系列

SM

年龄-时期-队列模型

——聚合数据分析方法

Age-Period-Cohort Models: Approaches and Analyses with Aggregate Data

〔美〕罗伯特·M. 奥布莱恩（Robert M. O'Brien）/著

王培刚　姜俊丰　等/译

社会科学文献出版社
SOCIAL SCIENCES ACADEMIC PRESS (CHINA)

Age-Period-Cohort Models:
Approaches and Analyses with Aggregate Data
By Robert M. O'Brien / ISBN 978 - 1 - 4665 - 5153 - 4

目录
CONTENTS

前　言

年龄效应、时期效应以及队列效应的分离是所有涉及一个或多个这些效应的分析的关键问题，但这个问题仍然常常被忽视。在横截面调查中，研究者可能会发现吸烟行为与年龄有关。这一研究通过检验单一时期的数据从而控制了时期效应，使时期的方差为零，因此其“效应”为零。然而，这个横截面研究中“显而易见的”“年龄效应”也有可能是队列效应，或者是年龄效应与队列效应的混合，因为在这个横截面研究设计中，每个年龄组都代表一个不同的出生队列。在检验不同时期中的同一年龄组，或者不同年龄组中的同一队列时，类似的问题也会存在。这些情况均涉及被遗漏的变量。

研究人员经常会在其研究设计中考虑这三个变量中的两个。研究人员一开始可能设计了年龄-时期研究，关注在不同时期中年龄分布如何波动，继而解释为什么时期影响了结核病或同性婚姻支持度或自杀的年龄分布。使用这种研究设计的研究者很可能忽略了可能存在的队列效应。但队列效应不应被忽视，因为年龄、时期和队列效应是相混杂的，已知年龄和时期，我们就可得知出生队列。这些自变量之间存在线性依赖关系（时期-年龄=队列）。

在上述情况下，研究者可能没有意识到他们面临着年龄-时期-队列（APC）识别问题，然而多数情况下事实确实如此。任何在分析数据时明确考虑到年龄、时期和队列效应的研究者几乎都认识到在此模型中的识别问题，他们认识到了包含年龄、时期和队列效应的模型会存在线性依赖关系。

本书是对利用聚合层次数据建模分析年龄、时期和队列效应的问题及策略的介绍。这些策略涉及约束估计、因素 - 特征法、可估函数以及方差分解。第 1 章为综合且全面的概述性章节，之后的第 2 ~ 3 章分别从代数和几何角度说明了识别问题，其中也讨论了约束回归。第 4 ~ 6 章提供了一些不直接依赖第 2 ~ 3 章中的约束条件来识别 APC 模型的方法。第 7 章展示的一个具体实证案例表明，多种方法的结合使用可以为特定的年龄、时期和队列效应提供更有说服力的证据。

关于 APC 模型的文献浩如烟海。在本书中，我通过对使用聚合层次数据的 APC 模型进行检验，从经典视角对其中的部分文献进行介绍。这些数据来自公开的《人口统计》、《统一犯罪报告》和其他报告了不同年份中分年龄组的凶杀案例数、结婚数或结核病死亡数的政府报告。同类的分析经常基于在不同时期内进行的重复横截面调查的数据而展开，数据聚合后可得到年龄分布。虽然有一些 APC 模型的方法同时使用个体层次和聚合层次数据来估计年龄、时期和队列效应，但我将重点放在了应用聚合层次数据的问题和策略上。在第 5 章的方差分解法中，我对此类混合层次模型做了评论。第 1 章结尾对全书的设计及结构做了介绍。

我需要感谢一些重要人物。威廉·比尔·马松［Willian (Bill) Mazon］于 20 世纪 80 年代末在俄勒冈大学发表了关于政治疏离和相对队列规模的演讲，这使我对 APC 视角产生了兴趣。他的演讲十分清晰，以至于我都可以重现其中谈到的分析。珍·斯托卡德（Jean Stockard）对我给她展示的青少年凶杀犯罪流行特征图表给出了一个可能的解释，这让我重新燃起了对 APC 分析的兴趣。我们二人有着最丰富的合作发表文章的经历。克里斯·温希普（Chris Winship）作为《社会学方法与研究》(*Sociological Methods and Research*) 杂志的主编，一直与我探讨我在在审文章中所主张的内容，与我探讨如何更好地解释这些内容。他也督促我和对我的文章做出评价的同行们以礼相待，讨论问题时对事不对人。我自己作为一本社会学杂志《社会学视角》(*Sociological Perspectives*) 的合作主编，唯有向着达到上述品质的目标而努力。除此之外，许多有天赋的老师在我于波莫纳学院读本科时将我“引向正路”。当我刚进入大学时，我更关注篮球而不是学术。威斯康星大学的教授们也花时间将我培养成了专业的社会学者，当然，也花时间灌输了传统优良的中西部经验主义价值。我的大儿子乔西·奥布莱恩（Josh O'Brien）和克里斯·温希普（Chris Winship）在我还没想到时就建议我写一本书，于是我联系了查普曼与霍尔出版公司（Chapman & Hall），余下的事情都如你们所知了。

年龄 - 时期 - 队列模型概述

正如掌握细菌学的基础知识一样，了解流行病学史并牢固掌握相关统计方法是流行病学研究人员的基本素养。

Major Greenwood（Hardy and Magnello，2004：214）

1.1 引言

本书开篇引文表明，流行病学研究人员需要对诸如流行病学、人口学或某一社会科学以及对应的统计方法等多个领域有实质性认识。更明确地说，对于本书而言，研究人员需要具备大量知识，包括年龄、时期和队列对某个领域内的某个真实变量的潜在影响，以及用于研究年龄、时期和队列之间关系的统计学方法。笔者不会介绍任何一个领域的实际知识或是综述某一领域中年龄 - 时期 - 队列模型的文献，笔者另有目的。

本书的重点在于深入了解与年龄、时期和队列分析相关的统计条件和统计难题，并在此基础上评估在文献中应用最广泛的几种方法之间的相互联系，以及如何应用这些方法找出年龄、时期和队列因素与真实变量之间的关系。深入理解这些后，读者便可以评估文献中出现的新方法并充分利用现有的方法。读者也可以用严谨、稳健的方法来审慎地解释这些分析的结果。

本章介绍了流行病学家、人口学家和社会科学家在研究年龄、时期和队列与关键因变量之间的联系时所关注的领域，并援引了实际领域中的一些案例予以说明。由于这些研究领域均涉及3个相同的自变量（年龄、时期和队列），这些实际领域的情况也包括诸如生育率、结核病率、死亡率、自杀率、同性婚姻支持度或政府信任度之类的结果变量。①

1.2 对年龄、时期和队列的关注

从某种角度来说，年龄－时期－队列（age-period-cohort，APC）难题似乎只是计量方法专家应该关注的一个深奥问题。从另一种角度来说，这个难题是人口学、经济学、流行病学、政治学、社会学和相关领域内大量研究的核心问题。该观点似乎与实证文献相悖。有多少研究者在他们的研究中试图区分年龄、时期和队列？遗憾的是，这种情况并不多见。然而我们常常发现，研究者在横截面分析中会讨论年龄因素，或者探讨年轻人或者老年人的行为模式随时期的变化。研究者也会在某个单一模型中采用两个变量，例如研究疾病或自杀的年龄分布，或人们的态度在不同时期中的变化。在这些案例中，APC识别问题经常潜藏在研究者没有考虑到的地方。

1.2.1 年龄模型

如果研究者在开展于1970年的横截面研究中发现肺癌死亡率的峰值分布在45～54岁这一年龄段会怎样？这个有趣的发现或许表明处于某一年龄组的群体更可能死于肺癌，并为肺癌的病因学研究提供线索。从表面上看，这个发现似乎与APC难题没有什么关联，但仔细观察会发现它与APC难题密切相关。这种年龄分布很可能是吸烟量的队列差异所导致的。在1970年处于45～54岁的队列成员在1940年则处于15～24岁（吸烟习惯大致养成的年龄段）。如果在1940年年龄在15～24岁的吸烟者数量非常多（比前后队列中的吸烟者数量都多），那么（在其他条件均一致的情况下）当该队列成员的年龄在45～54岁时，其肺癌死亡率将高于其他年龄组。仅单独研究年龄效应并不能解决APC难题，因为这一做法忽略了潜在的队列效应。这种横截面研究中的年龄分布可

---

① 本书通篇集中关注重复横截面数据，而非在一定时间内对固定的调查对象进行调查而获得的追踪数据。本书假设研究对象不会由于移民或其他因素而出现重大变化，以至于影响因变量和年龄、时期、队列因素之间的关系。

能仅仅是年龄效应导致的，也可能仅仅是队列效应导致的，或者是年龄和队列效应共同导致的。

1.2.2 时期模型

在研究时间序列时，研究者可能会发现，在全国民意调查中，30～39岁人群对同性婚姻的支持度有上升的趋势，并据此得出结论：随着时间的推移，人们越来越支持同性婚姻。该时期效应可以解释为：人们的观点往往随着时间的推移而逐渐发生变化。但这同样可以解释为队列效应，即相比较早期的队列，晚近队列的成员更加支持同性婚姻。也就是说，促使人们对同性婚姻支持度发生变化的不是人们态度的转变，而是因为同一个年龄组成员的态度代表着晚近时期中晚近队列成员的态度，即队列效应。同样，仅单独研究时期效应并不能解决APC难题，因为这一做法忽略了一个解释的另一方面。在该时间序列研究中，人们对同性婚姻支持度的变化可能仅仅是时期效应导致的，或仅仅是队列效应导致，也可能是时期和队列效应共同导致的。

1.2.3 队列模型

单独分析队列效应的研究更为罕见。研究者可以通过比较处于同一个年龄组（40～49岁）的不同队列来确定来自其中某些队列的这一中年选民群体对社会福利项目的支持度是否更高。如果队列之间存在系统的差异，这是队列效应还是时期效应造成的？每个队列中40～49岁年龄组的研究个体均处于不同的时期。这些明显的队列差异可能仅仅是队列效应或时期效应造成的，也可能是队列和时期效应共同造成的。

如前所述，仅考虑年龄因素的设计通过考察某个特定时期的年龄因素来控制时期效应，仅考虑时期因素的设计通过考察某个特定的年龄组来控制年龄效应，而仅考虑队列因素的设计也通过考察某个特定的年龄组来控制年龄效应。这些模型设计出现误设的可能性都非常高（两个变量之间的关系可能完全或部分依赖于已经被排除在模型之外的另一个变量）。即使我们将其中的两个变量（如年龄和时期、年龄和队列或时期和队列）纳入研究中，这种误设的风险仍然存在。例如，如果笔者在一般性的研究设计中研究一些重要因变量（如随时间变化的凶杀率、结核病死亡率或同性婚姻支持度）的年龄分布，那么问题在于：随着时间的推移，年龄效应是否能够保持稳定？

1.2.4 年龄－时期模型

在犯罪学中，一些研究者认为凶杀犯罪和其他一些犯罪行为的年龄分布是不变的（Hirschi and Gottfredson，1983），但其他一些研究者却对这个观点提出了质疑（Greenberg，1985；Steffensmeier，Allan，Harer，and Streifel，1989）。在20世纪80年代中期，凶杀犯罪的年龄分布发生了巨大的变化，15～19岁年龄组的凶杀率上升了1倍多，20～24岁和25～29岁年龄组的凶杀率也有所上升，但其他更老年龄组的凶杀率则有所下降。不同年龄组在不同时期内凶杀犯罪倾向性的变化是否可以解释为一种具有稳定年龄效应的新型凶杀犯罪模式？这种变化是不是一种与时期变化密切相关的持续性变化，如年轻人的角色变化，针对年轻人犯罪的刑事司法政策的变化，或其他与凶杀犯罪年龄分布有关的时期变化？答案或许是肯定的。然而，由于每个时期中的不同队列均代表了某个年龄组，年龄分布在不同时期的变化也可能归因于队列效应，而在这一案例中，这种队列效应与凶杀犯罪的年龄分布是相互混淆的。每个时期的年龄分布都不仅仅是年龄和时期的综合作用，在APC背景下，我们必须考虑到队列的潜在作用（O'Brien，Stockard，and Isaacson，1999）。

1.2.5 年龄－队列模型

研究者可能会采用年龄－队列模型来研究年龄效应，探究不同队列中的因变量与年龄之间的关系是否存在一些相似性或差异性。该因变量可能是年龄－队列别政治保守化程度得分、同性婚姻支持度得分或癌症死亡率。研究者可能会发现，因变量随年龄增长的模式在几个队列中是相同的。如果不同队列的年龄模式是相似的，那么似乎可以认定这种模式是由特定的年龄效应造成的。当然，这只是一种可能性，但这种变化模式也可能归因于时期效应。如果线性时期效应随着因变量的年龄变化而出现增减，那么便很可能出现这种混淆。其他的变化模式也十分令人费解。更具体地说，如果同性婚姻支持度是一种时期效应，即随着时间的推移，人们普遍倾向于支持同性婚姻，那么，同性婚姻支持度也可能被视为队列中的一种年龄效应，即随着年龄的增长，同性婚姻支持度提高了。同性婚姻支持度更有可能同时受到年龄效应和队列效应的影响，区分这些效应是APC难题中的一部分。

1.2.6 年龄 - 时期 - 队列模型

鉴于仅仅分析年龄、时期、队列因素中的某一个或任意两个因素时可能会出现混淆，研究者可能希望在标准模型中合理地识别这三个变量的作用。然而，这种标准模型是用于分析某一个或任意两个因素的。由于这三个变量间存在线性依赖关系，同时分析这三个因素会导致无法区分年龄、时期和队列效应。这三个因素中的任意一个均不能完全独立于另外两个因素。在最简单的情况下，即按年份对年龄、时期和队列进行线性编码，如果我们知道某一类人所属的时期和年龄，那就可以确定他们的出生队列：时期 - 年龄 = 队列。那么问题就在于：因变量与队列的关系是与队列效应有关还是与时期效应减去年龄效应有关？除非对这三者之间的关系做出一个假设，否则我们无法得到答案。这正是本书所关注的重点。笔者致力于研究这个难题，并探讨如何在只能获得聚合层次数据的情况下从这些模型中获得信息。政府机构提供的大量数据属于聚合层次数据，这种数据也是 APC 模型的基本关注点。

1.3 队列的重要性

与在大量社会和行为科学研究中发挥重要作用的年龄组和时期相比，队列在现有文献中很少受到关注。[①] 公众认知也同样存在此种倾向，人们更容易理解年龄在凶杀率、出生率、政治保守度或结核病死亡率和自杀率随时间的推移发生改变中所起的作用。随之而来的问题通常是年龄分布的模式是什么及其如何随时间而变化。当提及队列或出生队列在结核病死亡率或凶杀率中发挥的作用时，人们可能会问：什么是队列？即使解释了什么是队列，人们也很难理解队列和凶杀率或结核病死亡率之间的关系。人们似乎不太适应或至少不习惯从队列的角度考虑问题。然而，当队列差异（cohort differences）表现为世代差异（generational differences）（例如生育高峰和生育低谷世代）时，人们更容易理解这一观点。对于非专业人士来说，成年于大萧条时代的那代人在经济上更节俭或政治上更倾向于自由主义这种说法似乎更加容易理解。

① 这并不是说人口学家、流行病学家及社会科学家忽略了队列因素（远非如此），但是在很多横截面研究中，只有年龄才是一个标准变量，在时间序列分析中则是时期变量。队列在研究中较少受到关注。

在本章中，笔者回顾了许多广受认可的高质量论著，这些论著采用不同的方式研究了年龄、时期和队列的一般问题。其中，有几篇来自不同学科的里程碑式论文成为鼓励各学科加大对队列因素的研究，以及对由年龄组、时期和队列因素的混杂效应所产生的难题进行研究的试金石。Norman Ryder（1965）曾在人口学和社会学领域发表了一篇名为《队列是社会变革研究中的重要概念》的里程碑式论著，这篇论著及这两个学科都着重提到了 Karl Mannheim（1928/1952）的论著《世代的问题》。Mannheim 则在其研究中引用了 Hume 和 Comte 的论点。尽管这些文章都没有重点分析实证数据，但它们都呼吁研究者关注队列及其在社会变迁和稳定中的作用。列克西斯（Lexis）图可追溯到 19 世纪 60 年代或 70 年代[①]（将在本章后面进行讨论），尽管列克西斯图的核心要义是将出生、年龄和时期这三个时间维度联系在一起，但它并没有揭示队列的重要性。在流行病学领域内，Wade Hampton Frost（1939）撰写了一篇涉及实证数据检验的奠基之作，这篇论著在他于 1938 年去世不久后出版。寿命表是人口学、流行病学和精算科学的核心。在最初的发展中，寿命表的计算并未考虑队列效应，但现在队列通常在寿命表的计算中发挥着重要作用。尽管本书可以列举数十种有关 APC 模型类型的先驱性研究和分析成果，但正如本章的第一段所述，本书的目标并不在于探究年龄、时期和队列分析的发展历史。尽管介绍年龄和时期效应的相关研究看起来似乎更加“合乎常理”，笔者还是仅援引上述论著对队列效应的发展情况进行一些介绍。

1.3.1 寿命表

寿命表在人口统计学和流行病学中发挥着重要作用（在犯罪学、经济学、社会学等学科中也发挥着作用）。John Graunt（1662）被公认为是寿命表制作的鼻祖。他指出：“然而，我们发现 100 例活产儿中约有 36 例死于 6 岁之前，可能有 1 例存活到 76 岁。6 ~ 76 岁有 70 年，我们从存活的 64 个人（6 岁时存活，最后一位存活到 76 岁）中找出 6 个比例中项（mean propertional numbers）……”需要注意的是，Graunt 仅纳入了活产儿，所以出生时的死亡人数为零。同时他也需要“估计”6 ~ 76 岁每 10 年间的死亡人数，数据结果详见表 1 - 1。由于

① 尽管人们质疑该图是由经济学家 Lexis 于 1874 年编制的还是由 Zeuner 在 1869 年或 Brasche 在 1870 年编制（Vandeschrick，2001）的，但该图表依然用 Lexis 来命名。

Graunt用于编制这些数据的死亡周报表不包括死者的年龄（Glass，1950），且当时也尚未开发出用于编制寿命表的现代方法，所以这张表在某种程度上只是对寿命表编制的初步尝试。

表1－1　John Graunt初步构建的伦敦寿命表（1662）

年龄(岁)	死亡数(人)	生存数(人)
出生	0	100
6	36	64
16	24	40
26	15	25
36	9	16
46	6	10
56	4	6
66	3	3
76	2	1
86	1	0

资料来源：Graunt，J. 1662. *Natural and Political Observations upon the Bills of Mortality*（1st edition）。
注：假设人口为100例活产儿。

现代寿命表涵盖的内容比Graunt当初编制的寿命表丰富了很多。例如，现代寿命表涵盖了某个体在某个年龄（两个生日之间）死亡的概率、存活到一定年龄的人数（以10万人为基数）以及处于不同年龄的人群的预期寿命。毫无疑问，用于构建现代寿命表的数据比Graunt用到的数据要好很多，用于估计某一年龄（x）的死亡率或在某一年龄（x）仍存活的队列成员的平均剩余寿命（Bell and Miller，2005）的方法也要好很多。相比之下，Graunt只是粗略估计了在某年龄段的死亡人数与某特定年龄的存活人数。例如，100例活产儿中有36人在6岁前死亡，即存活至6岁的人数为64人。根据他的估算，在6～16岁，死亡人数会增加24例，那么在16岁时，仅有40人存活。这种尝试是值得赞扬的。寿命表在流行病学、人口学、其他社会科学、保险业和养老基金中非常重要。考虑到我们的目的，寿命表与年龄、时期、队列效应的识别问题密切相关。

根据特定时期全部人口的死亡率（在连续几年内的单年死亡率或平均死亡率）编制的标准时期寿命表是构建寿命表的最简单形式。这意味着当一个20岁的女性通过研究时期寿命表发现她的预期寿命是59年时，这个预期寿命并不是根据她所在队列的寿命情况得出的，而是根据出生时间比她更早的其他队列的成员在年龄达到 20 岁以后继续存活的年数得出的。例如，在美国，我们知道出生队列的预期寿命会随着时间的推移而逐渐增加，所以根据时期寿命表估计的任一年龄组的预期寿命都有可能低估了更晚近出生队列的预期寿命。也就是说，这个 20 岁的女性的预期寿命（剩余的存活年数）可能大于 59 年。

请注意 APC 难题与时期寿命表之间的联系。时期寿命表根据某一时期全部人口的死亡率估计人们在 x 岁时（在 x 岁的那一年）的死亡概率或在 20 岁时的预期寿命。这种方法忽略了不同队列死亡率（至少是时期寿命表里无法呈现的队列间各个年龄段的死亡率）的差异。

队列寿命表则解决了这个问题。有些队列寿命表是根据队列在整个生命周期中的死亡率编制的，但这些表对年龄为 20 岁并想知道自己的预期寿命的人来说并"没有用"，因为他所处的队列中还没有超过 20 岁的成员，因此这些表既不适用于提供人寿保险的保险公司，也不适用于为未来受益人进行规划的社会保险管理部门。关键原因在于，除了年龄之外，队列之间还有一些不同之处。其他队列寿命表是根据队列在过去几年里的死亡率和对未来几年的死亡率的预测编制的，而对尚未出生的队列来说，队列寿命表的编制仅取决于对未来几年死亡率的预测。当然，也有一些队列寿命表完全是根据对死亡率的预测编制的。这些预测可以通过分析生命周期的发展趋势模拟寿命表，且在生命周期保持长期稳定延长或缩短的情况下非常有效（例如：Bongaarts，2005；Denton and Spencer，2011；Lee and Carter，1992）。

从理论和实践的角度出发，寿命表都非常有用。但考虑到我们的目的，其会导致年龄 - 时期 - 队列分析中的一些问题。例如，生命周期的延长应该被看作队列效应（生命周期在每个连续的队列中均出现延长现象）还是时期效应（生命周期在每个连续的时期中均出现延长现象）呢？是什么导致生命周期的延长呢？是连续几年内药物和环境条件改善导致的时期效应？还是连续队列的成员由于接种疫苗、减少与潜伏期较长的疾病的接触以及年轻人接受更好的医疗照护从而使得总体健康水平得以提高的队列效应？抑或是时期和队列效应的共同作用？如果是的话，每种效应所发挥的作用分别如何？

1.3.2 列克西斯图和队列编码

列克西斯图可用于说明人口的动态变化并帮助开发寿命表的计算公式。我们可以利用列克西斯图来阐释出生年份、某人在某一特定年份的年龄和时期（当前年份）之间的关系。这些年份往往被汇总起来划为一组，如出生于 1900～1904 年的个体被归为一组。由图 1－1 的列克西斯图可以看出，根据分组数据或未分组数据确定年龄、时期和队列效应有一定难度。笔者选取了出生时间不同的两个人并标注了二者在不同年份中的年龄。第一个人（个体 A）出生于 1970 年 1 月 1 日，第二个人（个体 B）出生于 1970 年中期。1972 年 1 月 1 日，个体 A 的年龄为 2 岁并且在整个 1972 年都是 2 岁。但对于个体 B 来说就不是这样了，在 1972 年的上半年，个体 B 的年龄是 1 岁，而后在 1972 年中期则变成 2 岁，并且直到 1973 年上半年仍然是 2 岁。因此，出生年份和年龄之间并不存在一致性关系，不是所有出生于 1970 年且死于 1980 年的人的死亡年龄都是 10 岁，有些人的死亡年龄是 10 岁，有些人则为 9 岁。

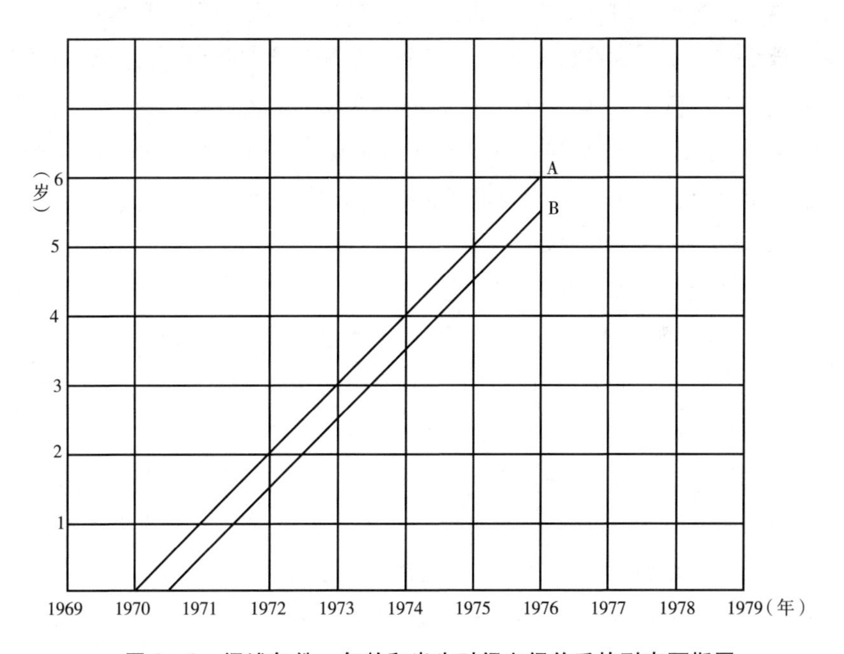

图 1－1 阐述年份、年龄和出生时间之间关系的列克西斯图

使用仅含年龄和死亡年份的档案数据可能会出现一些问题。例如，联邦调查局《统一犯罪报告》提供的凶杀犯罪数据或《美国人口统计》提供的死亡数据均按年提供因凶杀罪而被捕的人员或自杀人员的年龄以及事发年份。然而，这些信息不能告知我们他们具体出生于哪一年，而出生队列的确定需要这些出生年份信息。例如，一个在 2000 年犯下凶杀罪且年龄为 29 岁的人可能出生于 1970 年，也可能出生于1971年。假设他出生于1970年10月1日，如果他在2000年10月1日之前犯凶杀罪，那他犯下凶杀罪的年龄就将被记录为29岁，如果他在2000年10月1日及之后犯凶杀罪，那么他的犯罪年龄才会被记录为30岁。从仅记录了自杀者年龄和自杀年份的现有记录中，我们可能推断这个人出生于1970年，但他也可能出生于1971年，因为出生于1971年10月1日的人在2000年的生日前是28岁，在生日当天及生日后便是29岁。仅知道年龄和相关事件发生的年份并不能确定他属于1970年出生队列还是1971年出生队列。

通常而言，诸如自杀率、结核病死亡率或同性婚姻支持度之类的结果变量可以归为每5年一组，例如可以归为15～19岁、20～24岁……75～79岁年龄组。研究者可以通过全国人口统计系统查询1935年、1940年……2010年的自杀死亡数。这些跨度为5年的时期数据与归为5岁一组的年龄组数据非常吻合。通过全国人口统计系统收集到这些数据后，下一个问题是与这些年龄－时期组合对应的出生队列是什么。例如，Stockard和O'Brien（2002）将在1980年时年龄为20～24岁的人群标记为出生于1955～1959年的队列成员，但是其他研究者可能会选择将他们标记为出生于1956～1960年的队列成员，因为有一部分出生于1960年的个体在1980年时会是20岁。

这不仅仅涉及应该如何标记队列，同时还对一些关键变量的测量也具有经验启示。例如，Stockard和O'Brien（2002）使用相对队列规模作为与队列相关的变量，也就是说，同一个队列中所有个案的相对队列规模取值均相同。他们用来度量相对队列规模的标准是：当队列处于15～19岁时，年龄跨度为15～19岁的成员在15～64岁的群体中所占的百分比。这个指标比较的是出生队列（队列成员转变为成年角色的重要时期）的相对规模与更早出生的队列的规模。不足为奇的是，相对队列规模的值将取决于我们是选择将上述人群标记为1955～1959年出生的队列还是1956～1960年出生的队列。鉴于本案例使用的队列的年龄跨度为5年，相对队列规模的测量值不可能受到太大的影响。

上述汇总数据的方法并没有对跨越多个时期的数据进行汇总，并且这只是笔者在自己的研究中所用的方法。研究者通常会按照时期进行数据汇总，时期数据可能基于1930～1934年每个年龄段的因变量的均值。例如，某个年龄组的年龄跨度可能为5年，即15～19岁、20～24岁……60～64岁年龄组，而年龄最小的年龄组的因变量值则为在1930～1934年年龄为15～19岁的人群的结核病死亡率均值。此时，采用列克西斯图解释该队列会夸大其词。在1930年，年龄为15～

19 岁的青少年最早可能出生于 1910 年，最晚可能出生于 1919 年（或可能出生于 1911 ~ 1920 年）。对时期数据进行汇总导致这一长达 10 年的队列跨度，因此笔者并不愿意按照时期对数据进行汇总。然而，笔者所倾向的方法仅采用了本例中可用因变量数据的五分之一。

笔者不会深入研究如何估计在某个特定时期与不同年龄最为匹配的出生队列的相关文献。从 Carstensen（2007，2008）、Rosenbauer 和 Strassburger（2008）的论著中可以找到最新研究进展和他们引用的他人研究成果。然而，如果这种误差在标准的 APC 分析结果中仅产生微小的差异，特别是当年龄分组更大时，研究者通常不会试图纠正这类错误，但研究者应仔细考虑各自特殊情况下的数据。不论是否修正这种误差，本书提出的建模策略均适用于研究年龄、时期和队列之间的线性依赖关系。这种线性依赖关系（正如我们将看到的）取决于时期、年龄和队列编码三者之间的一一对应关系，且在本节所有的示例中，某一个时期 - 年龄组合都仅与一个队列相关。但是在其他文献或本书中，读者会发现，即使是在同一个时期和同一个年龄跨度为 5 年的年龄组中，研究者在标记队列的年份时都可能采用了不同的标记方法。

1.3.3 Frost 的论文

Frost 的论文在其身故以后于 1939 年刊登在《美国卫生杂志》（*American Journal of Hygiene*）上，并于 1995 年再版于《美国流行病学杂志》（*American Journal of Epidemiology*）。该文章被视为一篇经典论文，因为它清楚地指出，年龄 - 时期表中的结核病死亡率可能不仅仅反映了年龄效应和时期效应，更可能反映了一种队列效应（Comstock，2001；Doll，2001）。笔者将 Frost 搜集的男性结核病死亡率资料重新编制成了如表 1 - 2 所示的年龄表，该表是按照列克西斯图的格式编制的。也就是说，年龄为纵轴，最小年龄组位于纵轴的底部，最大年龄组位于纵轴的顶部；时期为横轴，最早的时期位于横轴最左边，最晚近时期位于横轴最右边。根据这种表格编排方式，队列位于对角轴，自左向右逐渐升高。①

---

① William Mason 和 Herbert Smith（1985）扩展并修正了 Frost 的数据，并对其进行了分析。笔者选择将数据的原始形式展示于图表中。William Mason 和 Herbert Smith 采用扩展后的数据所得出的结论与本书得出的结论并不一致。

表 1－2 Frost（1939）估算的男性结核病死亡率（1/10 万）

年龄(岁)	1880 年	1890 年	1990 年	1910 年	1920 年	1930 年
70 +	672	396	343	163	127	95
60～69	475	340	304	246	172	95
50～59	366	325	267	252	171	***127***
40～49	364	336	253	253	***175***	118
30～39	378	368	296	***253***	164	115
20～29	444	361	***288***	207	149	81
10～19	126	***115***	90	63	49	21
5～9	***43***	49	31	21	24	11
0～4	***760***	578	309	209	108	41

资料来源：Frost，W. H. 1939. The age selection of mortality from tuberculosis in successive decades，*American Journal of Hygiene* 30：91－96，reprinted from *American Journal of Epidemiology*，1995，141：4－9。

注：粗斜体表示的是出生于 1871～1880 年的队列的死亡率；Frost 将这个队列标记为 1880 年队列。笔者将 1880 年的两个单元格中的数据加粗，因为那些年龄组均为 1880 年队列的一部分。

Frost 在他自己的表中采用粗斜体表示单元格中属于 1880 年队列（他将这些年龄组认定为生于 1871～1880 年，并将他们标记为 1880 年队列）的数据，即在 1880 年年龄为 0～4 岁和 5～9 岁的年龄组数据。根据之前的讨论，他原本可以将这个出生队列标记为出生于 1870～1879 年的队列。如果从时期的角度审视这个表，研究者可以发现结核病死亡率在急剧下降。在整个时期，几乎每个年龄组的结核病死亡率都呈单调下降趋势。每个时期的年龄分布均呈以下模式：0～4 岁的群体呈现高死亡率，5～9 岁群体的死亡率急剧下降，此后的死亡率稳定上升直至中年时期。在前 3 个时期中，结核病死亡率呈现随年龄上升的变化模式，在 70 岁及以上年龄组中的死亡率最高（0～4 岁年龄组除外）。在最后 3 个时期中，结核病死亡率的变化模式不再呈现随年龄上升的特点，处于 40～49 岁或 50～59 岁的群体的死亡率最高（尽管在 1910 年队列中，处于 30～39 岁和40～49 岁年龄段的群体的死亡率相同）。结核病死亡率的年龄分布在这些时期中似乎有所转变：在前期，最小的年龄组和最大的年龄组死亡率最高，但是在后期，中年年龄组的死亡率最高。这种变化是由于随着时间的推移，年龄组的成员对结核病的易感性发生了转变，还是由于队列差异造成的呢？

Frost 指出，通过观察从表格的左下方至右上方的对角线（反映出生队列的数据）上的数据可以发现有趣的关系，这些死亡率数据反映了一个不同的信息

（队列信息）。通过单独分析每个队列可以得出：最小年龄组（0～4 岁）的死亡率较高，5～9 岁年龄组的死亡率明显下降。对于涵盖了足够多年龄组的队列，死亡率随后呈逐渐上升的趋势并在 20～29 岁达到峰值，随后随着年龄的增长而下降。女性队列死亡率的变化模式（此处未展示）几乎与之相同，不同队列的变化模式非常一致。

图 1－2 以图形的形式展示出了表 1－2 中的队列数据，我们将数据延伸到 20～29 岁年龄组。在这些队列中，年龄曲线非常一致：最小年龄组（0～4 岁）的死亡率很高，5～9 岁年龄组的死亡率下降了，随后死亡率逐渐上升直至 20～29 岁年龄组，此后又逐渐下降。正如本书所强调的，由于年龄、时期和队列因素存在不同的组合，同时涉及这三个因素的关系往往有很多不同的解释方法。

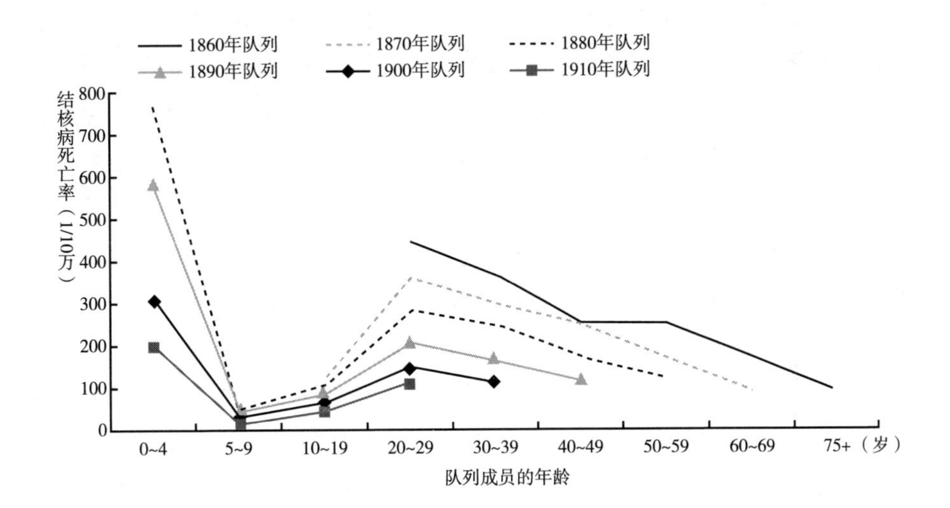

图 1－2　特定年龄段内马萨诸塞州不同男性队列成员的结核病死亡率

资料来源：Frost，W. H. 1939. The age selection of mortality from tuberculosis in successive decades，*American Journal of Hygiene* 30：91－96。

这就是理论和前期研究可以发挥关键作用的地方。通过研究结核病死亡率影响因素的理论和前期研究成果，是否可以找到充足的理由认定由年龄导致的结核病死亡率会随着时间的推移而改变？如果研究者没有发现相关证据，那么队列内部（见图 1－2）所呈现的一致的年龄分布模式便可解释为队列效应。但是，如果真的可以从队列的角度解释这种现象，那么必须存在导致结核病死亡率出现差异的队列因素，且这种死亡率的差异应当持续存在于队列的整个生命周期（即近似于图 1－2 中的模式）。我们知道结核病是一种传染性疾病，在 Frost 研究的年龄范围内，结核病在年龄早期比晚期更为普遍。当这种疾病广泛传播时，人们被感染的可能性增高。一旦感染了结核病，这种疾病往往会潜伏几年甚至几十年，直到发病。[①] 此外，不同年龄的人感染结核病的概率不同，且在不同时期为根除和治疗该疾病而采取的公共健康措施也会影响结核病死亡率，因此结核病死亡率的这种变化模式与表 1－2 和图 1－2 的数据所呈现的模式是一致的。

1.3.4 队列作为社会变革的引擎

如前所述，研究者显然可以发现年龄是一个非常重要的变量。患病率、凶杀率、自杀率和人们的观点均会随着年龄而发生变化。时期变量是从经济学到历史学等很多学科的基本变量。我们知道，大萧条、战争和帝国的兴衰都会在多个方面影响个体行为以及很多社会现象（如死亡率、结婚率和各种不同的观点会随时期变化）。但研究者通常很少关注队列或世代因素。这并不是说他们忽视了队列因素，而只是相比于队列因素，研究者对这些现象与年龄和时期因素之间的关系的分析更多。[②]

在这一节中，笔者将讨论 Mannheim（1928/1952）和 Ryder（1965）针对队列在社会变革过程中的重要性提出的两个经典论点。但将队列作为变革的关键要素这一观点并不是由他们提出的（虽然他们清楚地描述了队列的重要性这点值得称赞）。将队列作为社会变革的推动因素的核心论点是，某些事件（生育高峰和生育低谷或在大萧条时代成年）对队列成员有着持续性的影响。这并不意味着这种影响不会有所增强或减弱，但它往往会持续下去。毫无疑问，这也并不意味着队列中的所有成员均会受到同样的影响，但是不同队列成员的结核病死亡率、自杀率或同性婚姻支持度确实会存在差异。

Karl Mannheim 在他的经典论著（1928/1952）中率先指出了一些关于队列在促进人类社会生产稳定和社会变革中的作用的哲学推测。他认同 Hume 早期关于队列如何维持人类群体的连续性的观点，即人类不像那些在春天死亡然后有全新

① 据估计，90% 的结核菌感染者处于无症状潜伏期。这些无症状、潜伏期结核菌感染者一生中只有 10% 的结核病发病率（Kumar，Abbas，Fausto，and Mitchell，2007）。

② 笔者对此结论非常谨慎。研究者在实证研究中常常分析年龄和时期因素而不是队列因素，但这并不意味着研究者忽略了队列因素，也不意味着队列因素不是多数研究或流行病学、人口学和社会学理论研究的主题。

后代的昆虫种群。也就是说，在人类社会中，新的队列并不能取代所有人，而只能取代部分人。这使得社会化（即对文化和行为方式的传承）成为可能。社会化和文化的固定传播并不完善，而且不同队列成员在行为和价值观上彼此不同。Mannheim 赞同 Comte 的以下看法："如果每个人的平均寿命得以缩短或延长，那么人类进程的速度也会改变。这是因为老一辈人希望慢慢发展的保守态度在年轻一代中将不会那么根深蒂固"（Mannheim，1928/1952：277）。Mannheim 死于 20 世纪中叶之前，从他所处的时代和对队列的认知来看，他也许不应该被认为是"现代人物"，但他清楚地认识到了队列作为社会变革的引擎的重要性。

人口学家和社会学家在考虑队列因素时可能会第一时间想到 Norman Ryder。Norman Ryder 在他的经典论著（1965：843）中着重提到了 Mannheim 的研究成果并讨论了他所谓的人口新陈代谢："尽管存在个体死亡，但通过人口新陈代谢的过程，特别是每年新增的出生队列，社会仍持续存在。这些可能对社会稳定构成威胁，但也为社会转型提供了契机。"他幽默地将一个新队列的出现比喻为"野蛮人的入侵"。这不仅是对年轻人及其父代所面对的社会化问题的隐喻，也反映了队列间产生变化或差异的可能性。Ryder（1965：843）曾强调，"个体在一生中发生的变化可以通过该个体所属人群所发生的变化显现出来"。这一论点是本书所采用的研究方法的核心。

1.3.5　结束语

笔者虽然在本节强调了队列的重要性，但并非主张队列的这种特殊效应主导年龄效应或时期效应。笔者之所以突出强调队列效应，是因为在同时存在年龄、时期和队列这三个因素时，研究者常常会忽略队列效应。有些时候，为了进行特殊处理，可以适当强调某种因素。有些时候，由于生物学原因，年龄效应是相对固定的；但有些时候，年龄和发生在生命过程中的重要事件之间关系的改变（婚姻率和生育率的变化以及社会保障或退休年龄的变化）也会导致年龄效应发生改变。时期效应也可能发生变化，如战争、大萧条或医疗新发现都可能影响时期效应。当然，不同时期、队列和年龄组内变量效应的变化也发挥着重要作用。相对队列规模的细微改变不太可能会对因变量产生太大影响。同样的，不同时期内失业率的细微变化也不太可能会造成很大的影响。另一方面，在某一特定时期，经济萧条会影响很多结果变量，生育高峰或生育低谷对队列产生的重大影响可能会持续很久。

1.4 本书的计划

由于关于 APC 模型的文献资料汗牛充栋，为明确本书所要涵盖的主题内容，笔者做出了许多选择，一个重要的决定就是将研究数据限定为聚合层次数据。大多数政府数据/官方数据以聚合层次的形式公布并存储于档案馆，例如《统一犯罪报告》和《人口统计》。大多数关于 APC 模型的文献的关注点也是这种聚合层次。[①] 另一个重要的决定是，由于篇幅有限，本书对 APC 模型及其分析方法仅提供了简要的介绍。本书就是这样安排行文的。本书的受众是具备定量研究/统计学知识背景的读者，最好是熟悉矩阵代数和线性几何的读者。当然，本书并没有囊括处理聚合层次数据的所有方法，例如平滑算法和贝叶斯方法（Fu，2008；Nakamura，1986）、Firebaugh（1989）提出的队列更替法（该方法不仅考虑了与队列相关的变化，还考虑了由队列更替导致的总体变化）以及 APC 模型的特殊参数化方法（Carstensen，2007）。可以（在某种程度上）同时纳入年龄、时期和队列这三个因素的模型是本书的研究重点。

本书第 1 章直观地介绍了线性依赖难题，并阐述为什么研究者对控制了时期和队列的年龄净效应，控制了年龄和队列的时期净效应，以及控制了时期和年龄的队列净效应感兴趣。本章利用年龄模型、时期模型、队列模型以及包含了两种因素的模型对线性依赖关系的混杂效应进行了探讨和说明。在上述每种情况下，这种混杂效应都可能是由被忽略的某种因素或多种因素造成的。随后，本章探讨了诸如寿命表、列克西斯图、Frost 的结核病数据分析以及 Mannheim 和 Ryder 对队列重要性的讨论等重要研究文献，以阐明 APC 视角的重要性。

第 2 章探讨了用于解决 APC 难题的现代统计学方法的开端，也就是将年龄、时期和队列这三个因素囊括在一个模型中，并利用约束估计法来求解。遗憾的是，由于年龄、时期和队列之间存在线性依赖关系，这一难题有无穷多个解。由于 APC 模型中某个单一效应的系数估计值取决于所使用的约束条件，因此选择一个特定的约束条件需要有一个可信的理由。尽管很难为使用的约束条件提供合

---

① 文献中也包括从个体水平研究年龄、时期和队列的内容。例如，有些研究可能把出生队列当作一个情境变量（Alwin，1991；Wilson & Gove，1999），Yang 和 Land（2006）也提出了很多混合模型分析法。本书并未研究基于长期随访个体所获得的追踪数据的分析方法。

理的依据，但是这些模型也为难题的解决提供了一些有用的信息。例如，每个约束解均为最小二乘解，且都位于多维空间中的同一条直线上，每个约束解都可以被看作通过“旋转”另一个约束解得到的。本书后面的章节将会对这些关系进行探讨。这些模型有助于研究者理解并解释年龄、时期和队列之间的关系。笔者在本章中介绍了一个合理使用约束估计法的案例，而在介绍 APC 模型时主要依托于矩阵代数。

第 3 章着重从几何角度探讨 APC 模型识别不足的问题。首先，笔者从几何角度证明了无穷多个最小二乘解均位于多维空间中的同一条“解集线”上。然后，笔者阐述了约束解如何强制性地将原本并不与解集线相交的超平面重新定向并最终使得超平面与解集线相交于某一点，从而为特定约束条件下的 APC 模型提供一个约束解。第 3 章加深并扩展了我们对于约束解的内涵以及如何获得约束解的理解，这可能是本书中最新颖的一章。因此，本章采用的方法对于一些读者来说可能有些难以理解。[①] 在第 2 章、第 3 章中讨论过的由不同解构成的解集线，在第 4 章中将发挥重要作用。

第 4 章介绍了可估函数。在 APC 模型中，虽然无法得到个体年龄组、时期和队列参数的唯一估计值（可生成结果值的参数的估计值），但是可以利用这些估计值求得由这些参数构成的某些方程的解。例如，可以利用这些数值来确定时期效应与其线性趋势之间的偏差，或用来求解年龄效应的二阶差分：$(a_3 - a_2) - (a_2 - a_1) = a_1 - 2a_2 + a_3$。无论使用什么约束条件来识别 APC 模型，这些时期效应和年龄效应的函数均相同。现有文献采用了各种不同的方法来推导可估函数。在解集线的基础上，第 4 章提供了这些可估函数的统一推导方式。这些可估函数通过展示其可以如何与真实数据一起使用来呈现。

第 5 章介绍了 APC 模型的方差分解。虽然无法确定产生结果变量的年龄、时期和队列效应系数，但可以确定与每个因素相关的结果变量的特异方差，即仅与年龄效应相关的方差、仅与时期效应相关的方差以及仅与队列效应相关的方差。这是年龄效应、时期效应和队列效应具有统计学意义的充分不必要条件。本章还讨论了一些方差分解模型：APC 方差分析法（O'Brien and Stockard，2009）、APC 混合模型法（O'Brien，Hudson，and Stockard，2008）和（稍微超出本书内

---

① 第 3 章可以略过，不会影响其他章节的理解。不过，第 3 章可以增进读者对 APC 难题核心问题，即结构识别不足问题的了解。

容范围的）涉及总体水平和个体水平数据的 Yang 和 Land（2006）的分层 APC 方法。这些方法可以提供一些有用的信息，不过笔者也对其局限性进行了探讨。

第 6 章讨论了一种用于识别以下 APC 模型的策略，这些 APC 模型采用与年龄组、时期和队列相关的特征变量，而不是年龄、时期或队列的分类变量。与利用虚拟变量编码方式对队列进行编码相比，研究者可能更愿意对那些能合理解释队列效应（或部分队列效应）的队列特征进行编码。例如，队列特征可以是某出生队列中 35 岁前吸烟成员的平均烟龄。因为如果只知道年龄和时期，我们并不能确定各队列成员的平均烟龄，这就打破了线性依赖关系，即时期 - 年龄 ≠ 平均烟龄。本章将对这种方法以及类似方法的优缺点进行讨论，同时给出一些将自杀数据作为结果变量、利用因素特征得到信息的案例。

第 7 章是总结性的章节，重点是通过一个简单的实证案例来展示如何运用本书中讨论的方法可靠地分析年龄、时期和队列与因变量之间的关系。首先根据可估函数/方差分解来说明我们已知的真实信息（假设 APC 全模型设定正确）。在这些“确定事实”的基础上，笔者强调了运用实际知识和理论来进行 APC 分析的必要性。因此，笔者同时采用了约束回归和因素特征法来分析自己研究领域中的数据——分析凶杀率随时间和年龄的变化趋势。利用这些方法得出的结果高度一致，这提高了研究结果的可靠性。

本书着重于搭建一个完整且统一的论证框架：从代数的角度阐述 APC 线性依赖难题（第 2 章）并从几何角度阐述同一难题（第 3 章）。这两章的一个关键发现是约束 APC 模型的最优拟合解均位于多维空间中的同一条直线上。这一发现对于第 4 章中可估计函数的建立以及第 5 章中的方差分解至关重要。在第 6 章中，线性依赖关系的存在促使我们使用年龄组、时期和/或队列的因素特征，对因素 - 特征法所得结果的解释依赖于前几章中所获的知识和洞见。将这些方法归纳到一本书中，并强调几种 APC 方法的几何及代数原理，更有利于研究者评判这些方法的优缺点。这将有助于研究者更好地研究、解释和评价现有研究成果。

参考文献

Alwin, D. 1991. Family of origin and cohort differences in verbal ability. *American Sociological Review* 56: 625 - 38.

Bell, F. C., and M. L. Miller. 2005. *Life Tables for the United States Social Security Area* 1900 -

2100 (Actuarial Study number 120). Washington D. C.: Social Security Administration.

Bongaarts, J. 2005. Long-range trends in adult mortality: Models and projection methods. *Demography* 42: 23-49.

Brasche, O. 1870. *Beitrag zur Methode der Sterblichkeitsberechnung und Mortalitätsstatistic Bussland's*. Würzburg: A Struber's Buchhandlung.

Cartensen, B. 2007. Age-period-cohort models for the Lexis diagram. *Statistics in Medicine* 26: 3018-45.

Cartensen, B. 2008. Author's reply: Age-period-cohort models for the Lexis diagram. *Statistics in Medicine* 27: 1561-64.

Comstock, G. W. 2001. Cohort analysis: W. H. Frost's contributions to the epidemiology of tuberculosis and chronic disease. *Social and Preventative Medicine* 46: 7-12.

Denton, F. T., and B. G. Spencer. 2011. A dynamic extension of the period life table. *Demographic Research* 24: 831-54.

Doll, R. (Sir). 2001. Cohort studies: History of the method 1. Retrospective cohort studies. *Social and Preventative Medicine* 46: 152-60.

Firebaugh, G. 1989. Methods for estimating cohort replacement effects. *Sociological Methodology* 19: 243-62.

Frost, W. H. 1939. The age selection of mortality from tuberculosis in successive decades. *American Journal of Hygiene* 30: 91-96. Reprinted in *American Journal of Epidemiology*, 1995, 141: 4-9.

Fu, W. J. 2008. A smoothing cohort model in age- period- cohort analysis with applications to homicide rates and lung cancer mortality rates. *Sociological Methods & Research* 36: 327-61.

Glass, D. V. 1950. Graunt's life table. *Journal of the Institute of Actuaries* 76: 60-64. Graunt, J. 1662. *Natural and Political Observations upon the Bills of Mortality* (1st edition). Available at http://www.edstephan.org/Graunt/bills.html.

Greenberg, D. 1985. Age, crime, and social explanation. *American Journal of Sociology*, 91: 121.

Hardy, A., and M. E. Magnello. 2004. Statistical methods in epidemiology: Karl Pearson, Ronald Ross, Major Greenwood, and Austin Bradford Hill, 1900-1945. In *A History of Epidemiological Methods and Concepts*, ed. A. Morabia, 205-21. Basel, Switzerland: Birkhäuser Verlag.

Hirschi, T., and M. Gottfredson. 1983. Age and the explanation of crime. *American Journal of Sociology* 89: 552-84.

Kumar, V., K. V. Abbas, A. K. Fausto, and R. N. Mitchell (eds.). 2007. *Robbins Basic Pathology* (8th edition). Philadelphia: Saunders Elsevier.

Lee, R. D., and L. R Carter. 1992. Modeling and forecasting U. S. mortality. *Journal of the American Statistical Association* 87: 659-71.

Mannheim, K. 1928/1952. The problem of generations. In *Essays on the Sociology of Knowledge*, ed. K. Mannheim (translated and ed. P. Kecskemeti), 276-320. London: Routledge and Kegan Paul.

Mason, W. M., and H. L. Smith. 1985. Age-period-cohort analysis and the study of deaths from pulmonary tuberculosis. In *Cohort Analysis in Social Research: Beyond the Identification Problem*, ed. W. M. Mason and S. E. Fienberg, 151 - 228. New York: Springer-Verlag.

Nakamura, T. 1986. Bayesian cohort models for general cohort table analysis. *Annals of the Institute of Statistical Mathematics* 38 (part B): 353 - 70.

O'Brien, R. M., K. Hudson, and J. Stockard. 2008. A mixed model estimation of age, period, and cohort effects. *Sociological Methods & Research* 36: 302 - 28.

O'Brien, R. M., and J. Stockard. 2009. Can cohort replacement explain changes in the relationship between age and homicide offending? *Journal of Quantitative Criminology* 25: 79 - 101.

O'Brien, R. M., J. Stockard, and L. Isaacson. 1999. The enduring effects of cohort characteristics on age-specific homicide rates, 1960 - 1995. *American Journal of Sociology* 104: 1061 - 95.

Rosenbauer, J., and K. Strassburger. 2008. Comments on "Age-period-cohort models for the Lexis diagram." *Statistics in Medicine* 27: 1557 - 61.

Ryder, N. B. 1965. The cohort as a concept in the study of social change. *American Sociological Review* 30: 843 - 61.

Steffensmeier, D., E. Allan, M. Harer, and C. Streifel. 1989. Age and the distribution of crime. *American Journal of Sociology* 94: 803 - 31.

Stockard, J., and R. M. O'Brien. 2002. Cohort effects on suicide rates: International variations. *American Sociological Review* 67: 854 - 72.

Vandeschrick, C. 2001. The Lexis diagram, a misnomer. *Demographic Research* 4: 97 - 124.

Wilson, J. A., and W. R. Gove. 1999. The intercohort decline in verbal ability: Does it exist? *American Sociological Review* 64: 253 - 66.

Yang, Y., and K. C. Land. 2006. A mixed models approach to the age-period-cohort analysis of repeated cross-section surveys with an application to data on trends in verbal test scores. *Sociological Methodology* 36: 75 - 97.

Zeuner, G. 1869. Zur mathematischen statistick. *Beilage zur zeitschrift des königlisch sächsischen statistischen bureau*, XXX1 Jahrgang: 1 - 13.

多分类模型和约束回归

有意义的三因素队列分析是十分困难的，除非研究人员对年龄、时期和队列效应的性质提出相对较强的假设。

K. O. Mason, W. M. Mason, H. H. Winsborough, and W. K. Poole（1973：242）

2.1 引言

上一章指出了单独考察年龄分布、时期差异或队列差异的问题所在。许多研究人员会同时考察其中的两个变量，例如，通过年龄－时期表来研究某种疾病、犯罪行为或态度的年龄分布如何随时期变化。但不同时期的年龄分布变化可能会受到队列的影响，因而需要建立年龄－时期－队列（APC）模型来同时考察这三个因素。但这很显然会导致一个新的问题，即 Mason、Mason、Winsborough 和 Poole（1973）在其文章引言中提出的识别问题。

APC 模型无法使用标准回归模型独立地估计出每个要素（年龄、时期和队列）的影响，这就是经典 APC 难题。这一问题最早由 Mason 等（1973）给出现代论证，他们不仅清楚地描述了这个问题，还指出单一约束条件能恰好识别该模型。Mason 和 Fienberg（Fienberg and Mason，1979；Mason and Fienberg，1985）的另外两篇文章则帮助确立了一般方法。自此，约束回归成为一种常用的识别问题的“解决方案”[①]。

---

① 他们也意识到，在模型拟合的基础上，研究者无法区分不同约束解，并且在约束回归法中使用不同约束条件所估计出的系数可能有很大不同。

最简单的构思方法是对这些因素进行线性编码，例如，将时期（period）编码为发生年份，将队列（cohort）编码为出生年份，将年龄（age）编码为岁数。如果没有可用的单个年份数据（例如数据是每 5 年一组的），研究人员仍然需要将年龄、时期及队列分别用平均值进行线性编码。如此编码之后，年龄、时期、队列就各为一个变量。如果我们就这样不对任何变量进行转换，那么这种编码就会约束每个自变量（年龄、时期和队列）与因变量之间的关系形式，即将其限定为线性依赖关系，这对识别问题的解决毫无帮助。

即使数据以单个年份的形式呈现，研究人员也倾向于将它们按年龄、时期和队列进行分组，即研究人员经常采用分类编码的数据处理方式。例如，研究人员可能会按收集数据的年份（时期）1930 年、1935 年……2010 年，将因结核病死亡的人群按年龄分为 15 ~ 19 岁、20 ~ 24 岁……75 ~ 79 岁年龄组，相应的 5 年一组的队列编码为 1850 ~ 1854 年、1865 ~ 1869 年……1990 ~ 1994 年。一般通过这种形式，将每个年龄组、时期和队列作为不同的变量（例如，使用虚拟变量或效应编码），并在年龄组、时期和队列中分别留出一个类别作为“参照”类别。

2.2 线性编码的年龄 - 时期 - 队列（APC）模型

在此对线性模型仅作简要介绍，因为它比分类或多分类模型更容易理解，而大多数研究人员使用分类模型。表 2 - 1 显示了从含有年度数据的人口统计项目中筛选的数据（尽管这显然是人工数据）。第一行表示，在 2005 年年龄为 41 岁的人群中，每 10 万人中就有 7 个人因结核病死亡。我们将这些死亡病例列为 1964 年出生的人群（2005 - 41 = 1964）。[①] 无论是考察表左侧的原始数据还是右侧的偏差得分形式的数据，表 2 - 1 中的每一行均清楚地显示了年龄、时期和队列之间的线性依赖关系：时期 - 年龄 = 队列。

---

① 如第 1 章所述，当讨论列克西斯图时，其中有些人可能出生于 1963 年，还有一些出生于 1964 年，这些人在 2005 年死亡时尚不满 41 岁。这并不改变时期 - 年龄 - 队列之间隐含的线性依赖关系。毕竟，这是我们根据年龄和时期对相应的队列进行赋值的一种方式。

表 2－1 4 个年龄和 4 个时期的例证数据（笔者构建）

截距	原始数据				偏差数据			
	年龄(岁)	时期(年)	队列(年)	y	年龄(岁)	时期(年)	队列(年)	y
1	41	2005	1964	7	－1.5	－1.5	0	－4.5
1	42	2005	1963	6	－0.5	－1.5	－1	－5.5
1	43	2005	1962	5	0.5	－1.5	－2	－6.5
1	44	2005	1961	4	1.5	－1.5	－3	－7.5
1	41	2006	1965	11	－1.5	－0.5	1	－0.5
1	42	2006	1964	10	－0.5	－0.5	0	－1.5
1	43	2006	1963	9	0.5	－0.5	－1	－2.5
1	44	2006	1962	8	1.5	－0.5	－2	－3.5
1	41	2007	1966	15	－1.5	0.5	2	3.5
1	42	2007	1965	14	－0.5	0.5	1	2.5
1	43	2007	1964	13	0.5	0.5	0	1.5
1	44	2007	1963	12	1.5	0.5	－1	0.5
1	41	2008	1967	19	－1.5	1.5	3	7.5
1	42	2008	1966	18	－0.5	1.5	2	6.5
1	43	2008	1965	17	0.5	1.5	1	5.5
1	44	2008	1964	16	1.5	1.5	0	4.5

注：变量 y 表示结核病死亡率（每 10 万人）。

表 2－2 将表 2－1 的数据放入 4×4 年龄－时期表中得到的数据
（括号中为每 10 万人结核病死亡率）

年龄(岁)	时期(年)			
	2005	2006	2007	2008
44	1961(4)	1962(8)	1963(12)	1964(16)
43	1962(5)	1963(9)	1964(13)	1965(17)
42	1963(6)	1964(10)	1965(14)	1966(18)
41	1964(7)	1965(11)	1966(15)	1967(19)

表 2－2 用列表的形式展示了相同的数据。此类表格一般将最小的年龄组放在首行，将最大的年龄组放在末行，但在这个表中，笔者模仿了上一章中列克西斯表的格式。在这张表中，行表示 4 个年龄，列表示 4 个时期，7 个队列占据表的对角线（从左下方到右上方）。例如，1964 年出生队列有 4 个观测值（2005 年 41 岁，2006 年 42 岁，2007 年 43 岁，2008 年 44 岁），这个对角线从表的左下

角延伸到右上角。1963 年和 1965 年出生队列各只有 3 个观测值，而 1961 年和 1967 年出生队列各只有 1 个观测值。年龄－时期别的因变量值（每 10 万人中因结核病死亡的人数）陈列于表中相应单元格的括号内。

尽管线性编码的年龄－时期－队列模型无法进行分析，但是可将表 2－1 或表 2－2 中的数据用于以结核病死亡率为因变量，以年龄、时期和队列为自变量的回归分析。[①] 本章后面几部分将遇到同样的问题：三个自变量之间存在线性依赖关系，矩阵（截距和三个自变量）列的线性组合使每行的和等于零；对模型的系数设置单一约束条件能得出最优拟合解；这些最优拟合解在同一条直线上；这些最优拟合解有无数个；等等。这些问题将在最常用的 APC 模型即分类编码模型中深入展开（第 3 章也对线性编码进行了一些深入说明，其间笔者利用线性模型中较少的维度来介绍 APC 模型的几何原理）。

2.3 分类编码的 APC 模型

APC 模型的分类编码使得因变量与年龄组、时期和队列之间的关系以更多样的函数形式呈现，例如，它不会限定年龄和因变量之间仅为线性或二次方关系。分类编码允许各个年龄组、时期和队列的效应高于或低于其他年龄组、时期和队列。分类 APC 模型可用以下公式表示（基于矩形年龄－时期表）：

$$Y_{ij} = \mu + \alpha_i + \pi_j + \chi_{I-i+j} + \epsilon_{ij} \tag{2-1}$$

Y_{ij} 是年龄－时期表中第 ij 单元格的因变量值，μ 是截距值，α_i 是第 i 个年龄组的年龄效应，π_j 是第 j 个时期的时期效应，χ_{I-i+j} 是第（$I-i+j$）个队列的队列效应（其中 I 是年龄组的组数），ϵ_{ij} 是与年龄－时期表中第 ij 单元格相关的误差项或残差。由于年龄、时期和队列是分类编码的，其中有一个年龄组、一个时期和一个队列会被指定为参照组。

该模型用矩阵形式可表示为：

$$y = Xb + \epsilon \tag{2-2}$$

使用分类编码时，X 常被标记为设计矩阵，对截距和除参照组以外的每个年龄组、

① 泊松回归和负二项回归能提供其他可能性，但前提是我们需要知道每个年龄－时期组内的人数和结核病死亡人数。

时期和队列进行编码。X 矩阵的列可以依次为截距、age_1 到 age_{I-1} 、$period_1$ 到 $period_{J-1}$ 、$cohort_1$ 到 $cohort_{I+J-2}$ ，其中 I 是年龄组数，J 是时期数，$I+J-2$ 是队列数。X 的列数为 $m=2(I+J)-3=1+(I-1)+(J-1)+(I+J-2)$ ，行数为 $I \times J$ 。截距与年龄、时期和队列类别分别位于年龄－时期表单元格对应的行列中。已分类的年龄、时期、队列以不同方式编码，最常见的两种方式包括虚拟变量编码和效应编码。出象向量 y 的列数等于年龄－时期表中的单元格数目，b 代表解向量，有 $2(I+J)-3$ 行，残差向量 ϵ 有 $I \times J$ 个元素。假设 $E(X'\epsilon)=\mathbf{0}$[①]。

方程（2－2）两边同时左乘 X 的转置矩阵，可以得到 $X'y=X'Xb+X'\epsilon$ 。由于 $E(X'\epsilon)=0$ ，故标准方程可写为：

$$X'Xb = X'y \tag{2-3}$$

通过使用偏微分法可以找到能最大限度地减少 y 的预测值和观测值之间的残差平方和的解（b），得到与上述相同的方程式，对方程求解则可得出最小二乘解。

目前，我们遵循了方程（2－3）求解的标准步骤，但因为矩阵 X 不是满列秩的，这个步骤在 APC 模型中无法应用。下一步是将方程（2－3）两边同时左乘 $X'X$ 的逆 $(X'X)^{-1}$ ，结果为：

$$b = (X'X)^{-1}X'y \tag{2-4}$$

如果 X 是满列秩的，方程（2－4）将有唯一解。若模型是具体准确的，便能得到 y 向量值生成参数的无偏估计。根据 Greene（1993）的研究，我们的兴趣在于对模型 $y=X\beta+\epsilon$ 中的参数向量 β 的估计。该模型描述了如何通过向量 β 和随机误差项的参数值“生成”y 值：当 X 符合满列秩时，解向量 b 为得出 y 值的参数向量 β 的无偏估计[②]。

可惜的是，正如在前面章节中所提及的那样，在传统的多分类 APC 模型中，分类年龄、时期和队列变量之间是线性相依的，这使得常见的逆 $(X'X)^{-1}$ 不成立，因而在标准方程（2－4）中针对 b 的标准解法也随之无法使用。在这种情况

① 粗体的 0 表示零向量。

② 注意，这里我们想估计的基本模型是 $y=Xb+\epsilon$ 并对方程进行一些代数运算。Greene（993：182）指出，$b=(X'X)^{-1}X'(X\beta+\epsilon)=\beta+(X'X)^{-1}X'\epsilon$ ，若 $E(X'\epsilon)=0$ ，则 $E(b)=\beta$ 。虽然证明过程有差异，但这种无偏性对非随机和随机回归量均适用。

下，某些软件程序会提示这个逆不存在，而另一些程序会删除一个自变量来为标准方程求得一个最小二乘解。删除一个变量是个警告信号，说明不可能确定唯一最优拟合解。因为删除一个分类变量后，年龄、时期和队列变量之间不再存在线性依赖关系，所以程序在删除一个分类变量后才得以运行。删除一个变量后，程序默认被删除的变量效应为零，这就给模型设定了一个约束条件，因此使得模型可识别。在这种情况下，识别问题在于，标准方程（2－3）不是没有解，而是有无数个解。根据删除变量的不同，方程的解在个别系数的参数估计上会有所不同。

这就是 APC 难题（O'Brien，2000）。研究人员假设方程（2－2）中的模型设定正确，想借此确定年龄、时期和队列系数各自的效应。若不对模型的一个或多个系数进行约束，则无法唯一地求得这些参数。对系数的约束决定了原本有无数个解的 b 值在分析中具体为哪一个。

用虚拟变量编码的 X 的每一行均包含第 1 列中的 1。在其他列（注意，每一行均代表年龄－时期表中的一个单元格）中，X 的每一行均包含一个 1，其对应于由行表示的所在单元格的列中。如果单元格是第 1 个时期中最小年龄组且对应第 4 个队列，那么代表这个特定年龄组、时期、队列的那一列在该特定行将会有一个 1。如果行代表一个单元格，且该单元格被用作年龄和/或时期和/或队列的参照类别，那么列中会存在 0 代表此因素。表中的所有行都以类似的方式编码，每一行的所有其他项都用 0 编码。

效应编码过程同上，即为每一行的列元素分配 1。不同的是，在表示因素（年龄和/或时期和/或队列）参照类别单元格的行中，列元素分配的是 －1。例如，假设某特定行代表年龄参照类别单元格，那么对于这一行，年龄列中的元素都编码为 －1。此行所有未用 1 或 －1 编码的元素都使用 0 编码。若想更清晰地了解这一点，请参见附录 2.1 中采用 4 × 4 年龄－时期表设计矩阵的这两种编码形式。注意，共有 16［$= (I \times J) = 4 \times 4$］行，有一列表示截距，年龄组有 $I-1$ 列，时期有 $J-1$ 列，队列有 $I+J-2$ 列。

方程（2－4）的问题在于，无论采用哪种编码形式，逆 $(X'X)^{-1}$ 均不成立。由于 X 的列变量之间存在线性依赖关系，X 的秩亏为 1。然而，通过使用广义逆，可以找到一个标准方程的解。广义逆可表示为 $(X'X)^{-}$，因此标准方程的解可以写为：

$$b_c^0 = (X'X)^{-}X'y \qquad (2-5)$$

这里的上标负号表示 $(X'X)^{-}$ 是 $(X'X)$ 的广义逆。b_c^0 是在与广义逆相关的可识别约束条件下的标准方程的解，因而是最小二乘解，但并不是唯一解。对应不同的广义逆，该方程有无数个解，且均为最小二乘解。也就是说，每个解均生成相同的预测值（$\hat{y}$）集，并且这些不同的解均可以和任何其他最小二乘解一样好地拟合观测到的数据，每个解都使得残差平方和最小。构造广义逆的方法在一些文章中会有介绍（例如：Scheffé，1959；Searle，1971），其中有一篇对于我们的研究很有启发（Mazumdar，Li，and Bryce，1980）。

Mazumdar、Li 和 Bryce 在 1980 年提出了一种创建包含特殊约束条件的广义逆的简便方法，过程十分简单：

1. 计算 $X'X$。

2. 用约束条件替换 $X'X$ 的最后一行。例如，如果我们希望 4×4 年龄－时期矩阵数据中的 age1 效应与 age2 效应相等，那么我们将设定如下约束条件：$[(0 \times \mu) + (1 \times a_1) + (-1 \times a_2) + (0 \times a_3) + \cdots + (0 \times c_6) = 0]$。与此约束条件相关的向量 $c_1 = (0,1,-1,0,\cdots,0)'$，$X'X$ 最后一行被替换为 $(0,1,-1,0,\cdots,0)$。

3. 计算这个新矩阵的逆。

4. 用 0 替换这个逆的最后一列[①]，得到与特定约束条件（约束条件 1）相关的广义逆 $(X'X)^-_{c1}$。将该结果用于方程（2－5）即可得出与该约束条件有关的解 b^0_{c1}。

本质上而言，该过程删除了一行并将其替换为与其他行没有线性依赖关系的行（一般情况下），从而消除了线性依赖关系。这里使用“一般情况下”这个词是因为，研究者可能会使用一个与其他行有线性依赖关系的约束条件去替换那一行（很可能是无意的，因为约束条件常被用来消除线性依赖关系）。

特别的是，这组单一秩亏的标准方程的解有一个共同特征，即所有的解都在一条直线上（多维空间中），下面解释为什么会出现这种情况。

我们可以使用 Mazumdar 等（1980）的方法，基于一个约束条件，用广义逆求解标准方程，或者采用约束回归程序，或者使用任何合适的广义逆。如果 b^0_{c1}

① Mazumdar、Li 和 Bryce（1980）认为，如果约束条件被放在 $X'X$ 矩阵的第 i 行，则求得该修正矩阵的逆矩阵后，第 i 列会被替换成 0。

是标准方程的一个解，则：

$$X'X\,b_{c1}^{0} = X'y \tag{2-6}$$

换言之，由于 b_{c1}^{0} 是方程的一个解，所以 $X'X$ 右乘 b_{c1}^{0} 得 $X'y$ 。APC 模型中之所以会出现线性依赖关系，是因为在零向量生成设计矩阵 X 的列中存在线性组合，即 $Xv = \mathbf{0}$ ，其中 v 是零向量而粗体的 0 表示 0 的列向量。零向量 v 是唯一的，由标量乘积确定，故可以写成 $Xsv = \mathbf{0}$ ，其中 s 是标量。APC 模型只有一个零向量，因为在 APC 模型中，X 仅存在一个秩亏。[①] $Xsv = \mathbf{0}$ 意味着 $X'Xsv = \mathbf{0}$ ，因此我们可以得出：

$$X'y = X'X\,b_{c1}^{0} + X'Xsv \tag{2-7}$$

其得出与方程（2–6）一样的 $X'y$ 值。重新调整方程（2–7），则有：

$$X'y = X'X\,(b_{c1}^{0} + sv) \tag{2-8}$$

因此，若 b_{c1}^{0} 是标准方程的解，则 $b_{c1}^{0} + sv$ 也是。

方程（2–8）括号中的项是多维空间中直线的向量方程的右侧。该直线的向量方程可以写为：

$$b_{c}^{0} = b_{c1}^{0} + sv \tag{2-9}$$

这条直线通过寻找线上的某个点（例如 b_{c1}^{0} ）和线的方向来建立。标准方程的解是多维解空间中直线上的某个点，而 v（零向量）是多维空间中直线的方向。在此解集线上的任意解（ b_{c}^{0} ）都是标准方程的解。

为使标准方程的唯一解位于这条直线上，我们注意到，APC 模型的设计矩阵（ X ）的秩亏为 1，故只有一个零向量 v（由标量乘积唯一确定）。没有其他的 sv 能右乘 $X'X$ 得到零向量（除了由 0 组成的“平凡向量”）。因此，标准方程有且只有一条解集线。

请注意，这种 APC 模型与标准回归的不同之处在于，APC 模型的 X 不是满列秩的。在满列秩的情况下，模型能被识别且有唯一解。使用最大似然法，该唯一解具有生成结果数据的最大可能性。在此种模型设定中，如果 APC 模型可识

① 通常不计算“平凡的”零向量，它是一个有与 X 中的列一样数量元素的全零向量。对于任何 X 来说，这个向量均会得出一个零向量：$Xv = 0$ 。平凡零向量不会改变原来的解（ b_{c1}^{0} ）。如果 X 的秩亏为 2，则会有两个非平凡零向量，零空间将是二维的。

别，我们将获得最有可能生成结果变量值的年龄、时期和队列系数。当秩亏为1时，有无数个解能够同样好地拟合数据。因此在模型拟合的基础上，我们无法确定哪个解能最好地表示最有可能生成结果数据的参数。模型拟合是指统计分析如何有代表性地确定参数估计值，正是这种拟合标准使得研究人员可求出唯一解，该唯一解能提供未知参数的无偏估计（给定模型设定）。

2.4 广义线性模型

虽然笔者将重点放在了在标准方程最小二乘解的经典背景下的 APC 多分类模型解的特性上，但这个讨论可以扩展到基于广义线性模型的分析，包括通常用于分析 APC 多分类模型的泊松回归。而这一扩展的关键在于，将广义线性模型中的因变量视为自变量的线性函数；也就是说，$g[E(Y_{ij})] = Xb$，其中 $E(Y_{ij})$ 是年龄 - 时期表第 ij 个单元格中结果变量的期望值，而 g 是链接函数。[①]

在广义线性模型方法的识别方面，X 的秩亏为 1，识别问题与使用广义线性模型或普通最小二乘（OLS）模型时相同。由于自变量矩阵中存在单一的线性依赖关系，因此我们可以得出：$Xv = \mathbf{0}$，其中 v 是由标量乘积确定的唯一解，故可以写成：$Xsv = \mathbf{0}$。由于该线性依赖关系，$g[E(Y_{ij})] = X b_{c1}^{0}$ 的最优拟合解无法与 $g[E(Y_{ij})] = X b_{c1}^{0} + Xsv$ 或者通过括号强调解集线的 $g[E(Y_{ij})] = X(b_{c1}^{0} + sv)$ 等方程的解区分开来。广义线性模型的解在秩亏为 1 的情况下均在一条解集线上：$b_{c}^{0} = b_{c1}^{0} + sv$。无数个解均位于一条直线上，并且通过零向量乘以适当标量而有所不同。鉴于年龄 - 时期表的单元格大小通常基于大量的观测值，使用单元格对数值作为因变量的 OLS 回归结果和使用泊松回归的结果通常非常相似（O'Brien，2000）。

2.5 零向量

线性编码的 APC 模型的零向量很容易通过 X 列推导得出。例如，由表 2 - 1 的偏差数据一栏可以看出，年龄 - 时期 + 队列 =0，故可以用 $(1, -1, 1)'$ 作为零向量。如果使用原始分数形式的自变量 X 矩阵，年龄变量之前将会新增一列 1，X

① 关于广义线性模型的全面讨论，参见 McCullagh 和 Nelder（1989）。

矩阵的零向量可以写为(0,1,-1,1)′。该 X 矩阵每一行的点积乘以该向量均等于零，即 $Xv = \mathbf{0}$。零向量是由标量乘积唯一确定的，因此可以表示为(0,1,-1,1)′或(0,3,-3,3)′。通常，在分类编码的自变量矩阵中很难确定零向量。然而，Kupper 等（1980）提出了一个公式，用于确定任何年龄 - 时期表中效应编码的自变量的零向量（公式参见附录 A2.2）。附录 A2.2 还包括了确定虚拟变量编码的自变量的零向量的方法。

下面给出一些使用虚拟变量编码或效应编码时零向量的例子。元素的排列顺序是截距元素、年龄元素、时期元素和队列元素，其中参照组因不包括在 X 的列中而被省略。当效应编码用于 4×4 年龄 - 时期表且每个因素的最后一个元素作为参照项时，零向量是(0；-1.5，-0.5,0.5;1.5,0.5，-0.5；-3，-2，-1,0,1,2)′。为了方便理解，笔者用分号将截距元素、年龄元素、时期元素和队列元素分隔开来。当效应编码用于 5×3 年龄 - 时期表时，X 零向量为(0；-2，-1,0,1；1,0；-3，-2，-1,0,1,2)′。这些零向量元素是采用 Kupper 等（1983）提出的通用公式推导出来的，请参见附录 A2.2（方程 A2-2-1）。

注意在效应编码情况下零向量的两个特征。首先，截距的零向量元素恒为零。为展现第二个特征，可借助“扩展零向量”的概念，即将零向量以直观的方式扩展到包含参照项。例如，在 4×4 年龄 - 时期表中，零向量包含一个被编码为 1.5 的 age 4 元素，一个被编码为 -1.5 的 period 4 元素，一个被编码为 3 的 cohort 7 元素，故扩展零向量为(0；-1.5，-0.5;0.5,1.5;1.5,0.5，-0.5，-1.5；-3，-2，-1,0,1,2)′[①]。使用扩展零向量时，我们注意到年龄 - 时期表中表示特定单元格的年龄、时期和队列零向量元素之间存在一定关联。对零向量/扩展零向量的任何年龄、时期和队列元素，一般均有 $intercept + age_i + period_j + cohort_{ij} = 0$，其中 $cohort_{ij}$ 代表年龄 - 时期表中第 ij 个单元格对应的队列。

虚拟变量编码的零向量可以用两个公式来得到，这两个公式可以推导出附录 A2.2 所示的零向量元素（方程式 A2-2-2 和 A2-2-3）。[②] 在 4×4 年龄 - 时期表中，虚拟变量编码的零向量为（3；-3，-2，-1；3，2，1；-6，-5，-4，-3，-2，-1)′，而扩展零向量则为（3；-3，-2，-1，0；3，2，1，

---

① 这个向量可以作为效应编码变量的含参照项列的 X 矩阵的零向量。

② 另一种求得零向量的方法是（不管自变量是效应编码的还是虚拟变量编码的）找到与零特征值相关的恰当编码的 $X'X$ 矩阵的特征向量，这是由标量乘积确定的唯一零向量。

0; -6, -5, -4, -3, -2, -1, 0)′。在5×3年龄-时期表中，虚拟变量编码的零向量为（4; -4, -3, -2, -1; 2, 1; -6, -5, -4, -3, -2, -1)′，而扩展零向量则为（4; -4, -3, -2, -1, 0; 2, 1, 0; -6, -5, -4, -3, -2, -1, 0)′。注意，虚拟变量编码的零向量有两个特征：第一，截距的零向量元素不恒为零；第二，对虚拟变量编码而言，对零向量/扩展零向量的任何年龄、时期和队列元素，一般均有 $intercept + age_i + period_j + cohort_{ij} = 0$ 。

不论是效应编码还是虚拟变量编码，零向量都是由标量乘积确定的唯一解。虽然本书主要使用效应编码，但当使用虚拟变量编码时，零向量元素也存在相同的模式：最小年龄组到最大年龄组的线性增加，最早时期到最晚近时期的线性减少，最早期队列到最晚近队列的线性增加。再次强调，这些都是由标量乘积唯一确定的。由于标量可以是负数，我们认为零向量元素趋势在年龄组和队列中相同，而在时期中则相反。效应编码和虚拟变量编码的自变量的零向量拥有相同的含义，即解之间的关系均为 $b_c^0 = b_{c1}^0 + sv$ ，其中 v 是效应编码或虚拟变量编码的年龄、时期、队列变量的零向量。

2.6 模型拟合

模型与所观测数据的拟合程度对于所有约束估计值来说都是相同的，即它们各自得出相同的预测值。也许最直观的表现就是方程所有的解都在一条解集线上：$b_c^0 = b_{c1}^0 + sv$ 。由于 b_{c1}^0 有一个最优拟合解，单元格的预测值可以用 $\hat{y} = X b_{c1}^0$ 表示。然而，由于 $Xsv = 0$ ，则 $Xb_c^0 = X b_{c1}^0 + Xsv = X b_{c1}^0 = \hat{y}$ ，因此 b_c^0 也能求得一个最优拟合解。根据前述，因变量的期望值是自变量的线性函数，所以对于广义线性模型 $g[E(Y_{ij})] = Xb_c^0 = X b_{c1}^0 + Xsv = X b_{c1}^0 = \hat{y}$ 来说也是如此。广义线性模型与普通最小二乘（OLS）模型评估得到的 y 预测值通常是不同的（除非广义线性模型使用恒等链接函数和正态分布函数）。例如，不论约束条件为何，泊松回归估计的解均会得出相同的 y 预测值，而普通最小二乘（OLS）估计的解一般会得出一组不同的预测值。这就是APC研究者所熟知的不同约束条件下模型拟合系数估计的等价性，这意味着在这种模型中不能用模型拟合度来选择约束回归估计值。[①]

---

① 本章仅考虑恰好识别APC模型的单一约束条件。

2.7 解与约束条件正交

为了使 4 × 4 年龄 - 时期表中有 age1 = age2，可设定约束条件为（0，1，-1，0，0，…，0）′，即 Mazumdar、Li 和 Bryce（1980）在约束回归中所采用的方案。得出的解向量为 $(b_0, b_1, b_2, b_3, \cdots, b_{12})'$，其中 $b_1 = b_2$。由于 $b_1 = b_2$，所以点积 $(0, 1, -1, 0, 0, \cdots, 0)' \cdot (b_0, b_1, b_2, b_3, \cdots, b_{12})' = 0$。由此归纳，约束向量对解向量施加以下要求：约束向量与解向量的点积为零。记住，如果两个向量点积为零，则它们正交，我们可以写成 $c' b_c^0 = 0$。

2.8 检验解之间的关系

我们用一个实证案例来具体说明 APC 模型中约束解的特点。这里使用的数据是在 Clayton 和 Schifflers（1987）的文章中记录的 1955 ~ 1979 年日本居民死亡率（每 10 万人）和乳腺癌死亡病例数。表 2 - 3 对数据进行了重新加工。该数据由 Clayton 和 Schifflers 从世界卫生组织的死亡数据库中获得，并以年龄 - 时期表的形式呈现。其中，年龄按 5 岁一组划分为年龄组（25 ~ 29 岁、30 ~ 34 岁……75 ~ 79 岁），每个年龄组的死亡数据聚合为 5 年一组的时期（1955 ~ 1959 年、1960 ~ 1964 年……1975 ~ 1979 年）。死亡率以 10 万/人 · 年为单位，其等于 5 年间隔的时期 - 年龄组别中每 10 万人口的平均死亡率。5 年一组的时期数据汇总使得出生队列的年份相当不精确。例如，一个 25 ~ 29 岁的人在时期为 1960 ~ 1964 年的话，其可能出生于 1930 年，也可能到 1939 年才出生。Clayton 和 Schifflers 将这个队列标记为 1930 年队列，这并没有改变分析的机制。最早期队列对应的“单元格”在左下角，且其对应最大年龄组（75 ~ 79 岁）和最早时期（1955 ~ 1959 年）单元格。考虑到这个例子中年龄组、时期和队列的设定方式，无论单元格或队列标记为什么，年龄、时期和队列之间的线性依赖关系都会存在。对应的队列在表的对角线上（左上到右下）。①

① 稍后，笔者将展示如何在年龄组和时期编码相同的情况下将队列结合起来以识别模型，但这种改变给模型添加了一个约束条件。

表 2－3　日本居民乳腺癌的年龄别死亡率（10 万/人・年）（括号中的数字表示死亡数）

年龄（岁）	时期（年）				
	1955～1959	1960～1964	1965～1969	1970～1974	1975～1979
25～29	0.44(88)	0.38(78)	0.46(101)	0.55(127)	0.68(179)
30～34	1.69(299)	1.69(330)	1.75(363)	2.31(509)	2.52(588)
35～39	4.01(596)	3.90(680)	4.11(798)	4.44(923)	4.80(1056)
40～44	6.59(874)	6.57(962)	6.81(1171)	7.79(1497)	8.27(1716)
45～49	8.51(1022)	9.61(1247)	9.96(1429)	11.68(1987)	12.51(2398)
50～54	10.49(1035)	10.80(1258)	12.36(1560)	14.59(2079)	16.56(2794)
55～59	11.36(970)	11.51(1087)	12.98(1446)	14.97(1828)	17.79(2465)
60～64	12.03(820)	10.67(861)	12.67(1126)	14.46(1549)	16.42(1962)
65～69	12.55(678)	12.03(738)	12.10(878)	13.81(1140)	16.46(1683)
70～74	15.81(640)	13.87(628)	12.65(656)	14.00(900)	15.60(1162)
75～79	17.97(497)	15.62(463)	15.83(536)	15.71(644)	16.52(865)

资料来源：Clayton，D.，and E. Schifflers. 1987. Models for temporal variation in cancer rates Ⅱ：Age－period－cohort models，*Statistics in Medicine* 6：468－81，Table 1。

我们从采用泊松回归分析这类数据开始，Clayton 和 Schifflers（1987）在处理这类数据时使用了此种分析方法。要进行泊松回归分析，我们需要知道各个分类中的死亡人数，即表 2－3 括号中所呈现的数据。例如，在 1955～1959 年这 5 年间，25～29 岁年龄组中有 88 例死亡案例。我们还需要知道暴露或观测的人年数。通过这些数据，我们可以计算出暴露人年数，具体算法为：将年龄－时期别分类中的死亡数乘以 10 万，再除以每 10 万人的死亡率。1955～1959 年 25～29 岁观测人年数为 200 万［（＝88×100000）/0.44］。这个数字代表了一个单元格中的风险人年，并在泊松回归中被用作“暴露”。本书和本章将使用泊松回归分析来阐释其在广义线性模型及约束回归、可估函数、方差分解等方面的特性。为简单起见，笔者放弃了测试负二项回归或者其他形式的分析是否能更好地满足假设，并放弃在这些分析形式之间进行转换。同时，笔者也会采用普通最小二乘（OLS）分析法，并将其结果与泊松回归结果进行对比。

乳腺癌死亡数据的泊松回归分析结果见表 2－4。表第 2～5 列显示了 4 种不同约束条件下的泊松回归分析结果：限定前两个年龄组别相等，限定第二、第三个时期相等，限定第六、第七个队列的效应相等，以及限定解正交于零向量（内源估计［IE］/Moore－Penrose 解法）。最后一列是被效应编码的设计矩阵 11×5 年

龄 - 时期矩阵的扩展零向量。不属于零向量的“扩展元素”均用斜体表示。

首先要注意的是，使用的约束条件不同会导致方程的解之间存在明显差异。例如，25 ~ 29 岁和 30 ~ 34 岁年龄组在 age1 = age2 的约束条件下效应为正，在其他约束条件下效应均为负。其他约束条件也显示不同的模式。正如其名，约束条件在求解“约束解”时发挥作用。前三列解显示，在年龄约束条件下，25 ~ 29 岁和 30 ~ 34 岁年龄组的效应相等；在时期约束条件下，1960 ~ 1964 年和 1965 ~ 1969 年的时期效应相等；在队列约束条件下，1900 年和 1905 年的队列效应相等。这些等式隐含在约束条件中。例如，age1 = age2 的约束条件是（0，1，-1，0，0，…，0），该向量乘以此约束条件下的解向量必须等于零，这就要求 age1 和 age2 的系数相等。内源估计的求解模式亦隐藏在其约束条件之中，其约束向量是零向量，且内源估计的解向量的点积乘以零向量等于零。另一种说法是每一个解都与它的约束条件正交。如果两个向量之间的点积为零，则这两个向量正交。下一章将详细介绍正交性，并重点讨论 APC 模型的几何原理。

表 2 - 4 日本居民乳腺癌死亡率数据的泊松回归分析（效应编码）

	age1 = age2	per2 = per3	coh6 = coh7	内源估计	扩展零向量[a]
截距	-9.5250	-9.5250	-9.5250	-9.5250	0
年龄 25 ~ 29 岁	4.3869	-3.0527	-2.5052	-2.3251	-5
年龄 30 ~ 34 岁	4.3869	-1.5648	-1.1268	-0.9827	-4
年龄 35 ~ 39 岁	3.7316	-0.7322	-0.4037	-0.2956	-3
年龄 40 ~ 44 岁	2.8401	-0.1357	0.0833	0.1553	-2
年龄 45 ~ 49 岁	1.7932	0.3053	0.4148	0.4508	-1
年龄 50 ~ 54 岁	0.6071	0.6071	0.6071	0.6071	0
年龄 55 ~ 59 岁	-0.7279	0.7600	0.6505	0.6145	1
年龄 60 ~ 64 岁	-2.1619	0.8140	0.5950	0.5229	2
年龄 65 ~ 69 岁	-3.5689	0.8949	0.5664	0.4583	3
年龄 70 ~ 74 岁	-4.9645	0.9871	0.5491	0.4050	4
年龄 75 ~ 79 岁	-6.3226	1.1170	0.5695	0.3894	*5*
时期 1955 ~ 1959 年	-2.9489	0.0270	-0.1920	-0.2641	2
时期 1960 ~ 1964 年	-1.5336	-0.0457	-0.1552	-0.1912	1
时期 1965 ~ 1969 年	-0.0457	-0.0457	-0.0457	-0.0457	0
时期 1970 ~ 1974 年	1.5033	0.0153	0.1248	0.1609	-1
时期 1975 ~ 1979 年	3.0249	0.0491	0.2681	0.3401	-2
队列 1875 年	10.1722	-0.2433	0.5232	0.7754	-7

续表

	age1 = age2	per2 = per3	coh6 = coh7	内源估计	扩展零向量[a]
队列 1880 年	8.6564	-0.2711	0.3859	0.6020	-6
队列 1885 年	7.1102	-0.3294	0.2181	0.3982	-5
队列 1890 年	5.5908	-0.3609	0.0771	0.2212	-4
队列 1895 年	4.1083	-0.3555	-0.0270	0.0811	-3
队列 1900 年	2.7162	-0.2597	-0.0407	0.0314	-2
队列 1905 年	1.3378	-0.1502	-0.0407	-0.0046	-1
队列 1910 年	-0.0322	-0.0322	-0.0322	-0.0322	0
队列 1915 年	-1.4142	0.0737	-0.0358	-0.0718	1
队列 1920 年	-2.8307	0.1451	-0.0739	-0.1459	2
队列 1925 年	-4.2782	0.1856	-0.1429	-0.2510	3
队列 1930 年	-5.7432	0.2085	-0.2295	-0.3736	4
队列 1935 年	-7.1322	0.3074	-0.2401	-0.4202	5
队列 1940 年	-8.4756	0.4519	-0.2051	-0.4212	6
队列 1945 年	-9.7854	0.6300	-0.1365	-0.3887	7

[a] 零向量中“扩展的”元素用斜体表示。

为了证明这些解在同一条直线上，有必要证明它们之间因 sv 而有所差异，这即表 2-4 中泊松回归的四个约束解的情况。为了从 age1 = age2 约束解转到 period2 = period3 约束解，我们在 age1 = age2 约束解中将零向量元素（或者扩展零向量元素，若想要参照项的解的话）乘以 1.4879：$b_{p2=p3} = b_{a1=a2} + 1.4879 \cdot v$。从 age1 = age2 约束解转到 cohort6 = cohort7 约束解，需要 $s = 1.3784$，而从 age1 = age2 约束解转到内源估计解，则需要 $s = 1.3424$。这些解位于多维（29 维）解空间中的一条直线上。[①] 我们还注意到，在所有约束解中，截距的解均相同，年龄 50～54 岁、时期 1965～1969 年和队列 1910 年各自的解也均相同，这是因为所有这些元素对应的零向量元素均为零，而约束解因 sv 而不同。

每个解均能同样好地拟合数据。对于每个约束解，对数似然值均为 -249.482。偏差拟合优度为 30.46（自由度为 27），皮尔森拟合优度为 30.53（自由度为 27），这表示模型与数据拟合良好。与这些拟合优度指标相关的概率大于 0.29。不管使用何种约束条件，年龄 - 时期表中每个单元格的案例数预测

① 29 是因为 b_c^0 有 29 个元素，解向量 b_c^0 对应 X 的 29 列。表 2-4 有 32 个系数，其中包括参照项，它们的值来自解向量中的年龄、时期和队列元素。

值均相同。尽管各个解都能同样好地拟合数据，但各个解的效应参数估计并不相同。如果研究人员要在这些解或者其他约束解中选择近似等于结果值生成参数的解，那么他/她需要引入其他一些深层次的洞见（实际知识/理论）。

表 2－5 显示了对表 2－3 中的数据进行最小二乘回归（OLS）分析的结果，但因变量是乳腺癌死亡率的对数。这是分析此类数据的另一种常见形式，结果通常与泊松回归相似（O'Brien，2000）。[①] 在这种情况下，仅截距存在较大差异，其他相似。最小二乘回归（OLS）的解均在同一条解集线上（和泊松回归非一条线）。在这里，从 age1 = age2 约束解到 period2 = period3 约束解，需要 s = 1.4949；从 age1 = age2 约束解到 cohort6 = cohort7 约束解，需要 s = 1.3794；从 age1 = age2 约束解到内源估计解，需要 s = 1.3403。

表 2－5　日本居民每 10 万人乳腺癌死亡率对数的 OLS 回归分析（效应编码）

	age1 = age2	per2 = per3	coh6 = coh7	内源估计	扩展零向量[a]
截距	1.9887	1.9887	1.9887	1.9887	0
年龄 25～29 岁	4.3715	－3.1031	－2.5256	－2.3302	－5
年龄 30～34 岁	4.3715	－1.6082	－1.1462	－0.9899	－4
年龄 35～39 岁	3.7325	－0.7522	－0.4057	－0.2885	－3
年龄 40～44 岁	2.8443	－0.1455	0.0855	0.1636	－2
年龄 45～49 岁	1.7936	0.2987	0.4142	0.4533	－1
年龄 50～54 岁	0.6057	0.6057	0.6057	0.6057	0
年龄 55～59 岁	－0.7256	0.7693	0.6538	0.6147	1
年龄 60～64 岁	－2.1559	0.8340	0.6029	0.5248	2
年龄 65～69 岁	－3.5681	0.9166	0.5701	0.4529	3
年龄 70～74 岁	－4.9544	1.0253	0.5632	0.4070	4
年龄 75～79 岁	－6.3151	1.1594	0.5819	0.3866	5
时期 1955～1959 年	－2.9443	0.0456	－0.1855	－0.2636	2
时期 1960～1964 年	－1.5381	－0.0432	－0.1587	－0.1977	1
时期 1965～1969 年	－0.0432	－0.0432	－0.0432	－0.0432	0
时期 1970～1974 年	1.5077	0.0128	0.1283	0.1674	－1
时期 1975～1979 年	3.0178	0.0279	0.2590	0.3371	－2
队列 1875 年	10.1594	－0.3050	0.5035	0.7770	－7
队列 1880 年	8.6418	－0.3277	0.3654	0.5997	－6

① 在 OLS 回归中取因变量的对数是一个重要步骤。这类基于计数的比率通常服从正偏分布，比率的对数可得出与泊松回归同样的"链接函数"。每个单元格中的大量计数均有助于泊松回归和 OLS 回归结果的相似性。

续表

	age1 = age2	per2 = per3	coh6 = coh7	内源估计	扩展零向量[a]
队列 1885 年	7. 1061	-0. 3685	0. 2091	0. 4044	-5
队列 1890 年	5. 5808	-0. 3989	0. 0632	0. 2194	-4
队列 1895 年	4. 1020	-0. 3828	-0. 0362	0. 0809	-3
队列 1900 年	2. 7120	-0. 2778	-0. 0468	0. 0314	-2
队列 1905 年	1. 3326	-0. 1623	-0. 0468	-0. 0077	-1
队列 1910 年	-0. 0277	-0. 0277	-0. 0277	-0. 0277	0
队列 1915 年	-1. 4131	0. 0819	-0. 0337	-0. 0727	1
队列 1920 年	-2. 8445	0. 1454	-0. 0856	-0. 1638	2
队列 1925 年	-4. 2721	0. 2127	-0. 1339	-0. 2511	3
队列 1930 年	-5. 7559	0. 2238	-0. 2383	-0. 3945	4
队列 1935 年	-7. 0982	0. 3764	-0. 2012	-0. 3965	5
队列 1940 年	-8. 4597	0. 5098	-0. 1833	-0. 4177	6
队列 1945 年	-9. 7636	0. 7008	-0. 1078	-0. 3812	7

[a]零向量中“扩展的”元素用斜体表示。

再次强调，无论约束条件为何，截距、50～54 岁年龄组、1965～1969 年时期和 1910 年队列的解均相同，因为与这些系数相关的零向量元素均为 0。每个解均与约束条件正交，这些约束模型的拟合度也相同。单元格中年龄 - 时期别死亡率的预测值相同，模型和残差平方和也一样，每个模型的 $R^2 = 0.9994$ 。Kupper 等（1983：2797）对此 APC 模型中因变量的预测值与观测值之间的完美拟合发表了如下评论：“平方复相关系数 R^2 接近于 1 在实践中并不少见。”

使用虚拟变量编码的两种相同分析结果分别见表 2 - 6 和表 2 - 7。虽然本书通常使用效应编码，虚拟变量编码也会间或出现用以比较以增加启发性。无论是效应编码还是虚拟变量编码，使用泊松分析的拟合度是一样的，且在所有约束条件下，年龄 - 时期表中每个单元格的死亡人数预测值均相同。比较普通最小二乘（OLS）回归结果与其他方法，也可得到相同结论。拟合度不依赖于编码方式或使用何种约束条件，从 age1 = age2 换到其他条件时的 s 值在效应编码和虚拟变量编码的泊松分析结果中均相同。这个结果也适用于普通最小二乘回归：从 age1 = age2 换到其他条件时的 s 值在效应编码和虚拟变量编码情况下均相同。除了这些与内源估计相关的结果外，其他结果均是可靠的。从实际结论来看，泊松回归和普通最小二乘回归的结果并不取决于使用效应编码还是虚拟变量编码。①

① 笔者旋转虚拟变量编码的 age1 = age2 的解使其与零向量正交，并以此计算虚拟变量编码的 IE。这一方法（“s - 约束”法）在第 7 章中会有讨论。

表 2-6 日本居民乳腺癌死亡率数据的泊松回归分析（虚拟变量编码）

	age1 = age2	per2 = per3	coh6 = coh7	内源估计	扩展零向量[a]
截距	-22.6081	-7.7289	-8.8239	-8.3205	10
年龄 25~29 岁	10.7095	-4.1697	-3.0747	-3.5781	-10
年龄 30~34 岁	10.7095	-2.6818	-1.6963	-2.1493	-9
年龄 35~39 岁	10.0541	-1.8492	-0.9732	-1.3759	-8
年龄 40~44 岁	9.1627	-1.2527	-0.4863	-0.8386	-7
年龄 45~49 岁	8.1158	-0.8117	-0.1547	-0.4567	-6
年龄 50~54 岁	6.9296	-0.5100	0.0375	-0.2142	-5
年龄 55~59 岁	5.5947	-0.3570	0.0810	-0.1203	-4
年龄 60~64 岁	4.1607	-0.3031	0.0254	-0.1256	-3
年龄 65~69 岁	2.7537	-0.2222	-0.0032	-0.1039	-2
年龄 70~74 岁	1.3580	-0.1299	-0.0204	-0.0707	-1
年龄 75~79 岁	0.0000	0.0000	0.0000	0.0000	*0*
时期 1955~1959 年	-5.9738	-0.0221	-0.4601	-0.2588	4
时期 1960~1964 年	-4.5585	-0.0947	-0.4232	-0.2722	3
时期 1965~1969 年	-3.0706	-0.0947	-0.3137	-0.2130	2
时期 1970~1974 年	-1.5216	-0.0337	-0.1432	-0.0929	1
时期 1975~1979 年	0.0000	0.0000	1.3403	0.6356	*0*
队列 1875 年	19.9576	-0.8732	0.6597	0.0000	-14
队列 1880 年	18.4418	-0.9011	0.5224	0.0053	-13
队列 1885 年	16.8957	-0.9594	0.3546	-0.0816	-12
队列 1890 年	15.3763	-0.9909	0.2136	-0.1991	-11
队列 1895 年	13.8937	-0.9855	0.1095	-0.2898	-10
队列 1900 年	12.5016	-0.8897	0.0958	-0.3435	-9
队列 1905 年	11.1232	-0.7802	0.0000	-0.3069	-8
队列 1910 年	9.7532	-0.6622	0.1043	-0.2480	-7
队列 1915 年	8.3712	-0.5563	0.1007	-0.2013	-6
队列 1920 年	6.9547	-0.4849	0.0626	-0.1891	-5
队列 1925 年	5.5073	-0.4444	-0.0064	-0.2077	-4
队列 1930 年	4.0423	-0.4215	-0.0930	-0.2440	-3
队列 1935 年	2.6532	-0.3226	-0.1036	-0.2043	-2
队列 1940 年	1.3098	-0.1781	-0.0686	-0.1189	-1
队列 1945 年	0.0000	0.0000	0.0000	0.0000	*0*

[a]零向量中“扩展的”元素用斜体表示。

表 2-7 日本居民每 10 万人乳腺癌死亡率对数的 OLS 回归分析（虚拟变量编码）

	age1 = age2	per2 = per3	coh6 = coh7	内源估计	扩展零向量[a]
截距	-11.0723	3.8769	2.7218	2.3327	10
年龄 25~29 岁	10.6866	-4.2625	-3.1075	-2.7184	-10
年龄 30~34 岁	10.6866	-2.7676	-1.7281	-1.3779	-9
年龄 35~39 岁	10.0477	-1.9117	-0.9876	-0.6763	-8
年龄 40~44 岁	9.1594	-1.3050	-0.4964	-0.2240	-7
年龄 45~49 岁	8.1087	-0.8607	-0.1677	0.0658	-6
年龄 50~54 岁	6.9209	-0.5537	0.0238	0.2184	-5
年龄 55~59 岁	5.5895	-0.3902	0.0719	0.2275	-4
年龄 60~64 岁	4.1593	-0.3255	0.0210	0.1377	-3
年龄 65~69 岁	2.7470	-0.2428	-0.0118	0.0660	-2
年龄 70~74 岁	1.3607	-0.1342	-0.0187	0.0202	-1
年龄 75~79 岁	0.0000	0.0000	0.0000	0.0000	*0*
时期 1955~1959 年	-5.9620	0.0176	-0.4444	-0.6000	4
时期 1960~1964 年	-4.5558	-0.0711	-0.4176	-0.5343	3
时期 1965~1969 年	-3.0609	-0.0711	-0.3021	-0.3799	2
时期 1970~1974 年	-1.5100	-0.0151	-0.1306	-0.1695	1
时期 1975~1979 年	0.0000	0.0000	0.0000	0.0000	*0*
队列 1875 年	19.9230	-1.0058	0.6113	0.0000	-14
队列 1880 年	18.4054	-1.0285	0.4732	0.9790	-13
队列 1885 年	16.8697	-1.0692	0.3169	0.7838	-12
队列 1890 年	15.3444	-1.0997	0.1709	0.5989	-11
队列 1895 年	13.8656	-1.0835	0.0715	0.4606	-10
队列 1900 年	12.4757	-0.9786	0.0610	0.4112	-9
队列 1905 年	11.0963	-0.8631	0.0610	0.3723	-8
队列 1910 年	9.7360	-0.7285	0.0801	0.3525	-7
队列 1915 年	8.3506	-0.6189	0.0741	0.3076	-6
队列 1920 年	6.9192	-0.5554	0.0221	0.2167	-5
队列 1925 年	5.4915	-0.4881	-0.0261	0.1295	-4
队列 1930 年	4.0077	-0.4770	-0.1305	-0.0138	-3
队列 1935 年	2.6654	-0.3244	-0.0934	-0.0156	-2
队列 1940 年	1.3039	-0.1910	-0.0755	-0.0366	-1
队列 1945 年	0.0000	0.0000	0.0000	0.0000	*0*

[a] 零向量中“扩展的”元素用斜体表示。

对于经典约束估计，效应编码结果可以通过简单加减系数的方式转化为虚拟变量编码结果。从效应编码系数转化为虚拟变量编码系数可以通过（1）参照项对应的截距系数与效应系数值相加，得出虚拟变量编码解的截距；然后（2）从每个效应编码的年龄解中减去年龄参照项的解，从每个时期解中减去时期参照项的解，从每个队列解中减去队列参照项的解，最后得出虚拟变量编码的年龄、时期、队列的解。由此可见，将虚拟变量解转化为效应编码解十分简单。

关于这两种编码方式的解还有最后一点说明，在虚拟变量编码中，年龄、时期、队列的系数与参照项相关。在表2－7中，针对age1 = age2约束条件下的解，30～34岁年龄组的系数10.6866与参照项75～79岁年龄组相关。如果参照项是35～39岁年龄组，则虚拟变量编码的30～34岁年龄组的效应将为0.6389（30～34岁年龄组的系数减去35～39岁年龄组的系数）。研究者不能简单地将效应的大小与虚拟变量系数的大小相关联，与虚拟变量相关的显著性检验依赖于分类变量和参照项之间的差异。效应编码的截距是总均值，年龄、时期、队列的系数则表示该类别与总均值的差异（在控制了模型中其他自变量的情况下）。与分类变量相关的显著性检验是为了检测系数与总均值是否存在显著差异而不是与其他分类变量是否存在显著差异，后者还需要进行不同的检验来进行比较。

如果一个模型提供了y值生成参数的无偏或者近似无偏估计，那么关注系数之间的差异就很有意义了。可以从不同约束条件下的结果中看出，没有这些估计值，比较系数之间的差异则毫无意义。这样的比较依赖于使用的约束条件。因此（部分原因），本章没有报告分类系数的显著性水平。

2.9 约束解在旋转前后的差异

约束解因sv而不同，其中s是一个标量。正如我们所见，零向量的元素在年龄组、时期和队列中是线性的，在等距量表上也是线性的。年龄组和队列的零向量元素代表的趋势的符号一致，而时期的则相反。新的约束条件下的解会使年龄和队列系数趋势向相同方向移动，而使时期系数趋势向相反方向移动。具体以Clayton和Schifflers（1987）使用效应编码处理乳腺癌数据为例，扩展零向量为(0; −5, −4, −3, −2, −1, 0, 1, 2, 3, 4, 5; 2, 1, 0, −1, −2; −7, −6, −5, −4, −3, −2, −1, 0, 1, 2, 3, 4, 5, 6, 7)′，其呈现了年龄、时期和队列的线性等间距编码。解向量乘以 s 后会从一个解变成另一个解，该方式系统地改变了年龄、时期和队列系数的趋势（见图 2－1）。

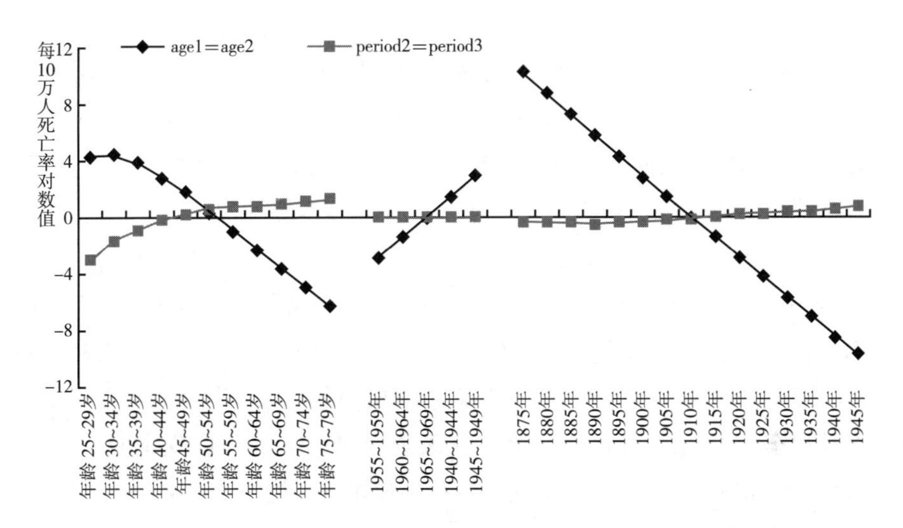

图 2－1　两种不同约束条件下乳腺癌死亡率对数值的效应编码系数

图 2－1 用 age1 = age2 以及 period2 = period3 这两个约束条件，对表 2－5 中的乳腺癌死亡率对数值进行效应编码，并使用 OLS 分析展现上述趋势转变。考虑到零向量的编码①，如果从年龄约束条件转换到时期约束条件时 s 为正值，那么使用时期约束条件时年龄系数的斜率将会增加。队列系数的情况与此相同，而时期系数的情况则与此相反。图 2－1 清楚地展现了这种变化，曲线相同但线性趋势不同。基于时期约束条件的第一个年龄系数为 7.4746，小于基于年龄约束条件的第一个年龄系数，即 s = 1.4949 乘以 age1（－5）的零向量元素。出现这种转变是因为，在这一案例中，年龄约束条件使得前两个年龄组的系数相同，这修正了所有年龄组的趋势以及时期效应和队列效应。第二组解被约束，因此 period2 和 period3 的系数相等（见图 2－1 的等式）。时期、年龄及队列的趋势由此形成。这种年龄、时期和队列系数线性趋势上的变化决定了解之间的差异，也让一些研究人员认为这种线性趋势在 APC 模型中尚未被识别。

---

① 注意，我们对零向量的编码有一定程度的随意性（由其标量乘积确定的唯一性所致）。如果我们将零向量（已编码的）除以 2，它仍然是零向量。我们会令 s 乘以 2，保证从一个解到另一个解的效应是一样的。如果我们将零向量除以 －2，它仍然是零向量，但是此时就需要让 s 乘以 －2，以使得从一个解到另一个解的过程中效应相同。这样的转换对图 2－1 没有影响。

2.10 忽略一个或多个年龄、时期或队列因素的解

分析年龄 - 时期表时一个常用的策略是忽略队列变量，进行只有年龄和时期分类变量的分析。该策略忽略了队列对年龄组和时期之间关系的潜在影响，更重要的是预设了队列效应的任何线性趋势均为零。另一种也会带来同样潜在问题的策略是推荐测试并查看双因素模型（年龄 - 时期或年龄 - 队列或时期 - 队列）是否可以和 APC 模型一样好地拟合数据。如果可以，建议采用那个双因素模型（Yang and Land，2013a；2013b）。按此种方式进行分析的结果呈现于表 2 - 8 的第一列，其中，笔者纳入了等于零的隐含队列效应，并用斜体表示。年龄 - 时期模型建立了一系列隐性约束条件，比我们一直使用的约束模型的约束条件更多。通过在模型中不纳入队列分类变量的方式来约束 cohort1 = 0、cohort2 = 0……cohort14 = 0。这既不与数据相符，也不与我们使用的只用一个约束条件来识别模型的约束模型相符。

表 2 - 8 中的第二列结果包含了一个解，这个解基于我们使用的一个恰好可识别的约束条件，这一约束条件使得队列效应系数的斜率为零①。这是位于解集线上的一个约束解，要注意它与 50 ~ 54 岁年龄组、1965 ~ 1969 年时期和 1910 年队列系数的解的截距相同（见表 2 - 5）。可以求得这条解集线上每个解转化到该解的 s 值。该解与图 2 - 1 相关，因为这个解是通过“旋转”图 2 - 1 中队列的线性成分使得队列系数斜率为零而得到的。

表 2 - 8 年龄 - 时期模型和队列约束条件的零线性趋势模型比较

效应系数	年龄 - 时期模型	队列约束条件的零线性趋势模型
截距	1.9529	1.9887
年龄 25 ~ 29 岁	-2.6626	-2.7253
年龄 30 ~ 34 岁	-1.2788	-1.3059
年龄 35 ~ 39 岁	-0.5084	-0.5256
年龄 40 ~ 44 岁	0.0175	0.0056
年龄 45 ~ 49 岁	0.3845	0.3743

① 此约束条件基于一个除了队列元素被编码为 -14、-13 …… -1，其余元素均为零的向量［即 $c = (0, 0, \cdots, 0, -14, -13, \cdots, -1)'$］。

续表

效应系数	年龄 - 时期模型	队列约束条件的零线性趋势模型
年龄 50 ~ 54 岁	0.5935	0.6057
年龄 55 ~ 59 岁	0.6514	0.6937
年龄 60 ~ 64 岁	0.6199	0.6828
年龄 65 ~ 69 岁	0.6344	0.6900
年龄 70 ~ 74 岁	0.7100	0.7230
年龄 75 ~ 79 岁	0.8387	0.7817
时期 1955 ~ 1959 年	-0.0832	-0.1056
时期 1960 ~ 1964 年	-0.1239	-0.1187
时期 1965 ~ 1969 年	-0.0599	-0.0432
时期 1970 ~ 1974 年	0.0759	0.0884
时期 1975 ~ 1979 年	0.1910	0.1791
队列 1875 年	*0.0000*	0.2239
队列 1880 年	*0.0000*	0.1257
队列 1885 年	*0.0000*	0.0093
队列 1890 年	*0.0000*	-0.0966
队列 1895 年	*0.0000*	-0.1561
队列 1900 年	*0.0000*	-0.1267
队列 1905 年	*0.0000*	-0.0867
队列 1910 年	*0.0000*	-0.0277
队列 1915 年	*0.0000*	0.0063
队列 1920 年	*0.0000*	-0.0057
队列 1925 年	*0.0000*	-0.0140
队列 1930 年	*0.0000*	-0.0785
队列 1935 年	*0.0000*	-0.0014
队列 1940 年	*0.0000*	0.0564
队列 1945 年	*0.0000*	0.1719

虽然表 2-8 中的两种模型都将队列效应的斜率约束为零，但年龄 - 时期模型和队列约束条件的零线性趋势 APC 模型的解并不相同。观察包含队列约束条件下零线性趋势的解那一列，可以看到其并没有消除队列效应。这些非线性队列效应有一个明显的模式，即从 1875 年队列到 1895 年队列效应为下降，然后效应上升直到 1915 年队列，接着是下降直到 1930 年队列，随后是上升直到 1945 年队列。在零线性趋势的队列模型中，这些是将年龄和时期效应控制之后的队列效应变动，而年龄 - 时期模型则没有对这些非线性队列效应加以控制。最重要的一

点是，从年龄－时期的分析中去除队列而忽略队列的混杂效应，并不是APC难题的解决方法。它假定队列没有线性效应：结果变量完全没有队列效应。这个问题不仅存在于双因素年龄－时期模型中，也存在于双因素年龄－队列和时期－队列模型中。在每种情况下均要对相应的队列效应或时期效应或年龄效应做出假设。在后面的章节中，笔者将详细说明吸收了第三个因素所有线性效应的双因素模型。我们无法通过将双因素模型与三因素（APC）模型进行比较来判断第三个因素的线性趋势的重要性，因为由于数据生成参数的影响，双因素模型对第三个因素的任何线性趋势都有一定的影响。年龄－时期模型结果列中的零用斜体表示，因为它们（队列类别）并未被包含在模型中，而是处于隐含状态。

单因素模型也存在类似问题。在横截面研究中，当分析乳腺癌死亡率的年龄分布时，我们会限定时期为恒定时间。这看上去是解决我们的问题的一种方法，但每一个不同的出生队列都代表一个年龄组。在研究特定时期的年龄分布时，必须考虑到不要仅仅将这种分布归因于年龄效应。在横截面研究中，年龄效应完全与队列效应相混淆，每个年龄组代表了一个不同的队列。

为了弄清这一混淆的潜在影响，笔者研究了1960～1964年这个时期的年龄效应。横截面年龄效应通过回归表2－3中1960～1964年按效应编码的年龄类别报告的乳腺癌年龄别死亡率的对数而得到。这些“年龄效应”见表2－9的第二列，其没有限定队列效应的潜在影响。APC模型中队列效应对这些横截面年龄效应的潜在影响可以通过两个不同的约束条件来体现：cohort 6 = cohort 7 和 period 2 = period 3。为使这些年龄效应与1960～1964年时期的年龄效应更具可比性，每个APC约束模型的1960～1964年时期效应都被添加到这些模型的年龄效应中。请注意，在每个约束模型中，年龄效应均是控制了队列效应的年龄效应（如约束解下的估计）。

表2－9　1960～1964年乳腺癌死亡率数据的横截面分析：使用横截面数据进行估计的年龄效应与在APC模型中使用不同约束条件估计得出的年龄效应的比较

	年龄效应	基于年龄－时期－队列的年龄效应	
	（1960～1964年）	Cohort 6 = Cohort 7	Period 2 = Period 3
年龄25～29岁	－2.797	－2.684	－3.146
年龄30～34岁	－1.304	－1.305	－1.651
年龄35～39岁	－0.468	－0.564	－0.795
年龄40～44岁	0.053	－0.073	－0.189

续表

	年龄效应（1960 ~ 1964 年）	基于年龄 - 时期 - 队列的年龄效应	
		Cohort 6 = Cohort 7	Period 2 = Period 3
年龄 45 ~ 49 岁	0.434	0.256	0.256
年龄 50 ~ 54 岁	0.551	0.447	0.563
年龄 55 ~ 59 岁	0.614	0.495	0.726
年龄 60 ~ 64 岁	0.538	0.444	0.791
年龄 65 ~ 69 岁	0.658	0.411	0.873
年龄 70 ~ 74 岁	0.801	0.405	0.982
年龄 75 ~ 79 岁	0.920	0.423	1.116

资料来源：Clayton，D.，and E. Schifflers. 1987. Models for temporal variation in cancer rates Ⅱ：Age-period-cohort models，*Statistics in Medicine* 6：468 - 81，Table 1。

对于每个约束条件和横截面数据，年龄效应从 25 ~ 29 岁到 55 ~ 59 岁年龄组均有所增加。然后，对于基于 cohort6 = cohort7 约束条件的估计值，年龄效应略有下降并保持稳定，这与基于 period2 = period3 约束条件的估计值相反。在后一种情况下，年龄效应从 25 ~ 29 岁到 75 ~ 79 岁年龄组单调递增。对于横截面数据，年龄效应从 55 ~ 59 岁到 60 ~ 64 岁年龄组是下降的，之后持续上升直到 75 ~ 79 岁年龄组。这些估计各自都对队列效应做出了不同的假设：横截面分析假定队列效应为零，约束估计假定队列效应与它们在特定约束条件下的估计一致。这三种年龄效应估计都对队列效应提出了假设。

图 2 - 2 展示了基于 1960 ~ 1964 年的横截面数据的乳腺癌年龄分布和“校正队列效应”后的年龄分布。我们的步骤是将截距加到横截面分析的年龄 - 效应系数中，并将这些总和取幂来“估计”年龄分布。考虑到此横截面数据，这与表 2 - 3 中 1960 ~ 1964 年乳腺癌的年龄分布相对应。为获得控制队列效应后的两个年龄分布（由这些模型估计得到），模型的截距和 1960 ~ 1964 年时期效应被添加到每个年龄效应中，然后将这些和取幂，以获得控制队列效应的 1960 ~ 1964 年时期的年龄分布（根据这两种约束条件估计得到）。不出所料，这种年龄分布模式与表 2 - 9 中的年龄效应分布模式十分相似。图 2 - 2 展示了队列效应如何显著影响横截面年龄分布。

本节从实证数据出发，对解之间的关系进行了探索，为本章开头讨论的 APC 模型的众多特征提供了具体的说明。在进行 APC 模型的几何分析（第 3 章）之前，还有一些问题需要解决，它们与前面讨论的一些问题有关，本章最后将介绍一个具有合理约束条件的实证案例。

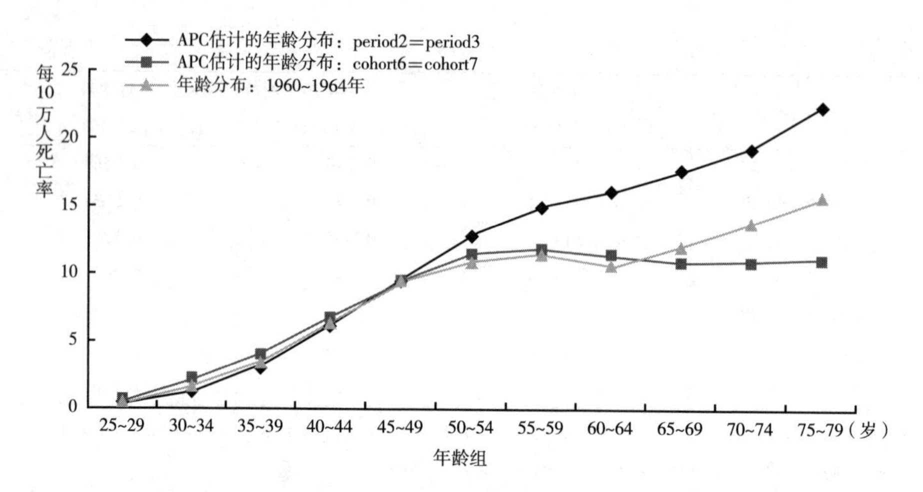

图 2-2 基于横截面数据的日本居民 1960~1964 年乳腺癌死亡率的年龄效应和控制队列效应后的 1960~1964 年乳腺癌死亡率的年龄效应

2.11 偏差：约束估计和数据生成参数

许多研究人员想知道结果变量是如何生成的。生成结果变量（例如：死亡率、对同性婚姻的态度或失业率）的年龄、时期和队列参数是什么？队列效应是否在最早期队列或第 6 个队列达到峰值？本研究中时期效应随时间变化有正向趋势吗？结果变量和与数据生成相关的年龄、时期和队列类别之间的关系是什么？如果该模型可识别，那么在使用 APC 多分类模型时，这些问题将会有标准答案。在这种情况下，OLS 回归或泊松回归将根据数据得到最可能的"生成参数"。问题在于，在秩亏为 1 的情况下，有无数个解能同样很好地拟合数据。

基于约束条件 c_1 的约束解偏向于 $E(b_{c1}^0)$ 不等于 β，此处 b_{c1}^0 是约束条件 c_1 下的解向量，而 E 是期望值算子，β 是生成参数的向量。只有当 $c_1'E(b_{c1}^0) = c_1'\beta$ 时，这些才相等，即参数向量和估计解向量的期望值都正交于约束条件。为了对生成参数进行无偏估计，"我们需要做的就是找到正确的约束条件"（c_1）。例如，如果生成参数 age1 = age2 而约束条件为 $(0,1,-1,0,0,\cdots,0)'$，那么 $c_1'E(b_{c1}^0)$ 将会等于 $c_1'\beta$，且估计的解向量是无偏的。如果约束条件正确，那么所有其他的解都会是无偏的。在这一段的第三句中，笔者引用了"我们需要做的就是找到……"，因为这是一个非常困难的任务，比求得具有强统计特性的解要求更高。

所有约束解都是最优拟合解。然而，关键的问题是约束条件是否正确或者至少接近正确。我们知道，各个解之间的区别可以用 sv 来描述。Kupper 等（1983）利用这一点，提出了以下方式来描述偏差的程度（笔者的记法）：$Bias(b_{c1}^0) = sv$，其中 $s = -c_1'\beta / v'c_1$ ①。注意，s 的符号取决于零向量的编码，而零向量由标量乘积唯一确定，所以这是偏差的绝对阶。我们可以将这个公式解读成在 c_1 约束条件下解的偏差为 sv，其中 s 与上句中的定义相同。Kupper 等（1983：2796）指出（笔者的记法）："因此，约束条件 $c_1'\widehat{b_{c1}^0} = 0$ 下的偏差量主要取决于对应的总体线性函数 $c_1'\beta$ 与0值的'接近'程度。特别地，如果 c_1 与（未知）参数向量 β 正交，那么偏差将不会存在。"

Kupper 等（1983）指出，在 APC 模型中，偏差比与 APC 模型系数的标准误差相关的方差更重要。他们注意到这一与零向量（尚未命名的 IE）正交的估计量具有较小方差的特性，并认为："平方复相关系数 R^2 接近 1，这在实践中并不少见，然后偏差就成为重点关注的领域了。"（Kupper et al.，2797）值得注意的是，Kupper 等指出：约束估计量的统计特性（如系数估计值的方差）是很重要的，但就 APC 模型来说，偏差几乎可以肯定是更重要的。②

笔者坚持认为，不存在得出结果变量生成参数的无偏估计的 APC 模型的机械解。原因之一在于，从生成结果数据的参数的无偏估计这个意义上来说，内源估计（或偏最小二乘法或使用 Moore-Penrose 广义逆或主成分分析）是否提供了无偏估计依然有待商榷，而这些估计中并没有提供这样的估计值。如果这些方法中的任何一种确实提供了这样一个无偏的解，则该方法是秩亏为 1 的矩阵的识别问题的解决方案。下一节将阐述内源估计和其他约束估计在何种意义上是无偏估计。

---

① s 的这个表达式可以从解集线上推导得到：$b_c^0 = b_{c1}^0 + sv$。注意，β 是解集线上一个解，因此可以写作：$\beta = b_{c1}^0 + sv$。方程乘以约束条件 c_1' 得出 $c_1'\beta = c_1'b_{c1}^0 + c_1'sv$。由于解与它的约束条件正交，方程右边的第一项是零，因此使得 $c_1'\beta = c_1'sv$ 且 $s = c'_1\beta / c_1'v$。注意 $v'c_1 = c'_1 v$ 都是点积，s 的符号取决于零向量的编码，零向量编码由标量乘积唯一确定。因此，$s = c'_1\beta / c_1'v$，根据 v 的编码，s 可以是正的，也可以是负的。

② Yang、Fu 和 Land（2004：102）指出："对于任何有限数目的时期 p，内源估计 B 都有一个小于任何其他约束估计量的方差。例如，$var(\hat{b}) - var(B)$ 对于一个重要的识别约束而言是正定的。"这里的重要约束条件表示其不同于与 IE 有关或生成 IE 的约束条件。

2.12 单一约束条件下的无偏估计

我们可以在不考虑约束解期望值与数据生成参数之间的关联性的情形下使用无偏这个词。在这个意义上，约束估计是特定约束条件下的无偏估计，即与约束条件相关的总体参数的无偏估计。这种意义下的无偏性适用于传统的约束估计，如将前两个年龄系数或前两个时期系数设置为相等，以及其他约束估计量如 IE（主成分分析和使用 Moore－Penrose 广义逆）。Fu、Land 和 Yang（2011：457）表示，“IE 不是 b（生成参数 β 的向量），而是 b 在由计算模型的设计矩阵 X 的列向量生成的非零向量空间上的投影，表示为 b_0（内源估计量）”。正如他们所言，“IE 不是 b（生成参数 β 的向量）”，故而不是 β 的无偏估计。用笔者的话来说，IE 不是结果值生成参数的无偏估计，而是使得解向量正交于零向量的、与约束条件相关的参数的无偏估计。

我们可以用以下方式将生成参数向量投影到任意约束解向量上：$b_{c1}^{0} = G_{c1}\beta$，这里的 G_{c1} 是与约束解 b_{c1}^{0} 相关的广义逆。任何约束解都是生成参数的线性函数。事实上，我们可以将解集线上的任意解投影到一个特定的约束估计上：$b_{c1}^{0} = G_{c1}\, b_{c}^{0}$。解集线上的任意解都是解集线上其他解的线性函数。就这些属性而言，任何约束解都没有什么特别之处。笔者在附录 2.3 中证明了约束条件下约束估计的无偏性。

2.13 有额外实证支持的合理约束条件

在 APC 识别问题上，获得正确的约束条件是使用约束回归法时显而易见的任务。找到与数据生成参数一致的单一约束，就能得出一个约束估计，其是对这些基本参数的无偏估计。设置一个大约与数据生成参数一致的约束条件会得出稍微有偏的估计。此案例的数据来自 O'Brien 等（2000），数据见表 2－10。在该年龄－时期表中，年龄分组为 15～19 岁、20～24 岁……45～49 岁。时期是间隔为 5 年的单个年份：1960 年、1965 年……1995 年。这些数据来自这些年的《统一犯罪报告》。该报告采用 5 年聚合的年龄分组来报告大部分凶杀犯罪的逮捕率。表 2－10 中的时期和年龄组别意味着队列是从 1910～1914 年出生的最早期队列到1975～1979 年出生的最晚近队列。正如在第 1 章中所指出的，这些队列并没有精确对应这些年份中相应年龄的人，但这对识别问题没有影响。

表 2－10 美国 1960～1995 年的年龄－时期别凶杀逮捕率（每 10 万人）

年龄组（岁）	时期（年）							
	1960	1965	1970	1975	1980	1985	1990	1995
15～19	8.98	9.07	17.22	17.54	18.02	16.32	36.52	35.34
20～24	14.00	15.18	23.76	25.62	23.95	21.11	29.10	32.34
25～29	13.45	14.69	20.09	21.05	18.91	16.79	17.99	16.75
30～34	10.73	11.70	16.00	15.81	15.22	12.59	12.44	10.05
35～39	9.37	9.76	13.13	12.83	12.31	9.60	9.38	7.27
40～44	6.48	7.41	10.10	10.52	8.79	7.50	6.81	5.48
45～49	5.71	5.56	7.51	7.32	6.76	5.31	5.17	3.67

资料来源：数据来自 O'Brien（2000）。O'Brien（2000）从《统一犯罪报告》获得上述时期内对应年份的数据。更多详情可查看 O'Brien（2000）。

我们利用的约束条件是时期系数的零线性趋势（zero linear trend，ZLT）约束条件，即解的时期效应趋近于零。该约束条件可以使用 Mazumdar 等（1980）的程序实现，将 $X'X$ 的最后一行替换为零（将从最早时期到最晚近时期编码为 -7、-6、-5…… -1 的时期对应的那一行的列除外）。然后我们继续进行 Mazumdar 等余下的步骤，这种约束条件迫使趋势为零，并识别模型。[①]

一定程度上而言，在这一系列时期中时期效应生成参数很少或没有趋势，该分析结果不会有太大偏差。笔者对约束条件的这种论证基于对历年暴力犯罪率及其彼此之间关系的综合分析（O'Brien et al.，2003）和 O'Brien 的论证（O'Brien，2011）。即使我们接受了 O'Brien 等的研究和逻辑，且为使用时期约束条件的零线性趋势提供了理论/实际支持，笔者还是建议在报告基于此约束条件的 APC 分析结果时要有“方法论的谦虚”。这种约束条件看似合理，但可能是错误的；我们在图 2－1 中看到了错误的趋势如何导致本质上不同的结果（解的旋转）。笔者会在第 7 章中用本书所涉及的几种方法，以更全面的方式来阐述这个真实问题。

时期分析的零线性趋势结果如图 2－3 所示。时期效应的趋势（图 2－3b）

① 更精确一点，最好说“模型在约束条件下可以被识别”。Mason 等（1973：248）认为“假设三个维度中有两个系数相等，年龄、队列和时期效应便是可估的”。但是正如我们在第 4 章中所指出的，单一约束条件下被识别的“可估计”，并不等同于任意约束条件下得出相同结果的可估函数。

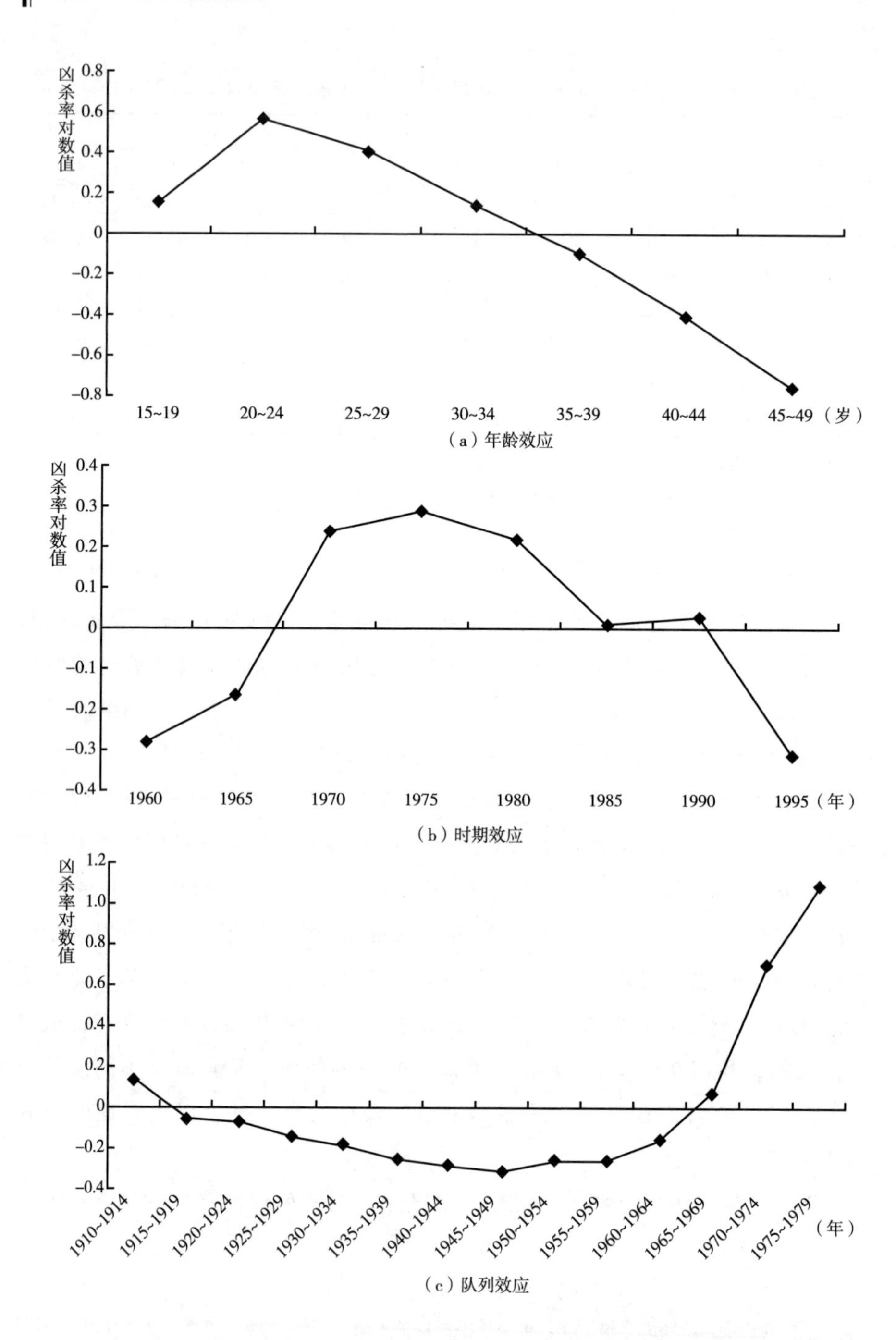

（a）年龄效应

（b）时期效应

（c）队列效应

图 2－3　使用零线性趋势时期（ZLT）约束条件识别的凶杀逮捕率的年龄、时期和队列效应估计

由约束条件设定：时期系数没有总体趋势。1960～1970 年凶杀犯罪的增长率最大，这与总统执法委员会、司法行政局以及执法援助局（LEAA）相继成立，并于 19 世纪 60 年代末开始运行相一致。O'Brien（2003）认为这是对暴力犯罪大幅增加的直接回应。犯罪学家还认为，1990 年以后发生的暴力犯罪有了大幅度下降（Levitt，2004；Zimring，2007），图 2－3b 清晰地展现了这一下降态势。基于时期约束条件的年龄效应（图 2－3a）的年龄曲线与"不变的"犯罪年龄曲线一致。犯罪学家普遍认为，凶杀犯罪的高峰发生于 20～24 岁年龄组，往下依次为 25～29 岁年龄组、15～19 岁年龄组，而且在 20～24 岁年龄组之后单调下降（Eisner，2003；Hirschi and Gottfredson，1983）。时期约束条件下的零线性趋势（ZLT）得出了一个相当合理的年龄曲线。队列效应曲线在犯罪学中几无所涉，也很少有一致观点，但它与 O'Brien、Stockard 和 Isaacson（1999）的猜想和证据相符。他们认为，20 世纪 80 年代末到 90 年代中期发生的青少年凶杀犯罪的盛行是群体谋杀倾向增加的产物，这与图 2－3c 中最后两个队列的队列效应急剧增加是一致的。其余队列的队列效应相对平坦，这与所观测到的 1965～1985 年凶杀犯罪年龄分布的相对稳定是一致的。

年龄曲线和队列曲线的合理性增加了我们对采用生成时期约束条件的零线性趋势这一约束条件所得结果的信心。虽然这种合理关系应该增强我们的信心，但作者应该谨慎表达基于任何约束条件的论断。结果并不比约束条件更好，且后者的准确形式几乎总是受到争议。笔者有一个同事，是非常优秀的定量方法学家，他建议阅读 APC 约束模型的结果就要像进行罗夏墨迹实验那样：你可以以一种至少对你来说行得通的方式解释任何结果。

2.14 结论

约束估计是求得聚合层次数据的 APC 模型中年龄、时期和队列系数估计值的最常用方法。一般而言，这种模型中的约束条件在概念上很简单，例如将两个效应系数设置为相等，比如 age1 = age2 或 period2 = period3。近年来也提出了一些复杂的约束条件，如零线性趋势（限定年龄或时期或队列系数的线性趋势为零）或内源估计（其限定解的系数与零向量正交）。但在这些情况下，约束条件只是用来识别模型的，并且像其他约束条件一样，需要在研究或理论的基础上证明其合理性。

这些约束解有许多共同之处：每个解都能恰好识别 APC 模型，否则秩亏为 1；都能同样好地拟合数据。我们不能使用数据拟合度来评判哪一组估计值最能代表潜在的“真实”数据生成参数。关键问题在于缺乏唯一的最优拟合模型，因为按照惯例，“最优拟合标准”可以用来确定最能代表潜在参数的解。如果我们决定使用一个约束解作为结果数据生成参数的最优代表，则需要根据实际/理论标准来证明这一选择，并且需要谨慎对待结论。

尽管拟合度不能用作各个约束解的选择依据，但我们知道所有约束解均为最优拟合解：它们是 OLS 回归分析中的最小二乘解或广义线性模型的最大似然估计值。所有约束解都在一条直线上，笔者将该解集线记为：$b_c^0 = b_{c1}^0 + sv$。这说明了所有约束解是如何相互关联的，并允许在估计数据生成参数时推导出偏差的定义：$Bias(b_{c1}^0) = sv$，其中 $s = -c'_1\beta / v' c_1$。约束解的另外两个共同特征是：解与用于确定解的约束条件正交，并且每个约束解都是该约束条件下的无偏解（鉴于模型在该约束条件下可恰好被识别，所以这并不奇怪）。

本章相对全面地介绍了聚合层次的约束 APC 模型，这些模型是分析聚合层次的 APC 数据的最常用方法。其他以针对聚合层次数据的聚合层次的 APC 分析为主题的文献将在后面的章节中加以介绍。在讨论这些方法之前，下一章将讨论 APC 模型的几何原理。

附录 2.1 虚拟变量和效应编码

附表 A 2.1-1 基于 4×4 年龄 - 时期表的 X 矩阵的虚拟变量编码

截距	age1	age2	age3	per1	per2	per3	coh1	coh2	coh3	coh4	coh5	coh6
1	1	0	0	1	0	0	0	0	0	1	0	0
1	0	1	0	1	0	0	0	0	1	0	0	0
1	0	0	1	1	0	0	0	1	0	0	0	0
1	0	0	0	1	0	0	1	0	0	0	0	0
1	1	0	0	0	1	0	0	0	0	0	1	0
1	0	1	0	0	1	0	0	0	0	1	0	0
1	0	0	1	0	1	0	0	0	1	0	0	0

续表

截距	age1	age2	age3	per1	per2	per3	coh1	coh2	coh3	coh4	coh5	coh6
1	0	0	0	0	1	0	0	1	0	0	0	0
1	1	0	0	0	0	1	0	0	0	0	0	1
1	0	1	0	0	0	1	0	0	1	0	0	0
1	0	0	1	0	0	1	0	0	0	1	0	0
1	0	0	0	0	0	1	0	0	1	0	0	0
1	1	0	0	0	0	0	0	0	0	0	0	0
1	0	1	0	0	0	0	0	0	0	0	0	1
1	0	0	1	0	0	0	0	0	0	0	1	0
1	0	0	0	0	0	0	0	0	0	1	0	0

附表 A 2.1－2 基于 4×4 年龄－时期表的 *X* 矩阵的效应编码

截距	age1	age2	age3	per1	per2	per3	coh1	coh2	coh3	coh4	coh5	coh6
1	1	0	0	1	0	0	0	0	0	1	0	0
1	0	1	0	1	0	0	0	0	1	0	0	0
1	0	0	1	1	0	0	0	1	0	0	0	0
1	－1	－1	－1	1	0	0	1	0	0	0	0	0
1	1	0	0	0	1	0	0	0	0	0	1	0
1	0	1	0	0	1	0	0	0	0	1	0	0
1	0	0	1	0	1	0	0	0	1	0	0	0
1	－1	－1	－1	0	1	0	0	1	0	0	0	0
1	1	0	0	0	0	1	0	0	0	0	0	1
1	0	1	0	0	0	1	0	0	0	0	1	0
1	0	0	1	0	0	1	0	0	0	1	0	0
1	－1	－1	－1	0	0	1	0	0	1	0	0	0
1	1	0	0	－1	－1	－1	－1	－1	－1	－1	－1	－1
1	0	1	0	－1	－1	－1	0	0	0	0	0	1
1	0	0	1	－1	－1	－1	0	0	0	0	1	0
1	－1	－1	－1	－1	－1	－1	0	0	0	1	0	0

附录 2.2 确定效应编码、虚拟变量编码变量的零向量

Kupper 等（1985）提供了使用效应编码时找到零向量的公式，公式（笔者

的记法）很简单：

$$0, \sum_{i=1}^{I-1}\left[i-\frac{(I+1)}{2}\right]A_i - \sum_{j=1}^{J-1}\left[j-\frac{(J+1)}{2}\right]P_j + \sum_{k=1}^{I+J-2}\left[k-\frac{(I+K)}{2}\right]C_k = 0 \quad (A2.2-1)$$

第一个零表示截距，A_i 代表与年龄效应变量相对应的 X 列。P_j 代表与时期效应变量相对应的 X 列，C_k 表示与队列效应变量相对应的 X 列。年龄、时期和队列效应的零向量元素位于方程（A2－2－1）的方括号内，其中 I、J 和 K 分别是年龄、时期和队列的数目。作为使用方程（A2－2－1）的一个示例，在 4×4 年龄－时期矩阵中，年龄的零向量元素为－1.5、－0.5 和 0.5，时期的零向量元素为 1.5、0.5 和－0.5，队列的零向量元素是－3、－2、－1、0、1 和 2。注意，时期项的求和符号前的负号会使方括号内的数字改变符号。整个方程（A2－2－1）旨在表明，零向量元素的和乘以它们对应的列，结果为一列零，即 $Xv = 0$。正如本章所示，零向量有助于理解使用约束回归的解。

使用虚拟变量编码可以确定零向量。在这种情况下，X 是虚拟变量编码的设计矩阵。求得零向量的公式（用最大年龄组、最晚近时期以及最晚近队列作为参照组）为：

$$\text{int}, \sum_{i=1}^{I-1}[i-I]A_i - \sum_{j=1}^{J-1}[j-J]P_j + \sum_{k=1}^{I+J-2}[k-(I+J-1)]C_k = 0 \quad (A2.2-2)$$

除了 A_i、P_j 及 C_k 列被编码为虚拟变量外，这里，A_i、P_j、C_k、I、J 和 K 的定义同方程（A2－2－1）一样，但零向量的截距元素（int）不为零，可以通过下面的关系来确定它：$\text{intercept} + v_{ia} + v_{jp} + v_{kc} = 0$，其中 $k = I - i + j$，v_{ia} 是零向量的第 i 个年龄元素，v_{jp} 是零向量的第 j 个时期元素，v_{kc} 是零向量的第 $I-i+j$ 个队列元素：

$$\text{intercept} = -(v_{ia} + v_{jp} + v_{kc}) \quad (A2.2-3)$$

我们总是可以通过确定 $Xv = 0$ 来检验我们是否正确地计算了零向量。

例如，4×4 年龄－时期矩阵中年龄的零向量元素是－3、－2 和－1，而时期的零向量元素则是＋3、＋2 和＋1，队列的零向量元素是－6、－5、－4、－3、－2 和－1。把这些元素代入零向量中并加上＋3 作为截距的第一个元素，这些元素乘以虚拟变量编码的 X 矩阵的列，得出一个具有 13 个元素的零向量，或者前

面介绍的 $Xv = 0$。我们用方程（A2－2－3）计算截距。如果我们取第 2 个时期的第 2 个年龄组来计算截距，我们会发现 $v_{2a} = -2, v_{2p} = +2, v_{4c} = -3$（$v_{4c}$ 是对应第 2 个时期的第 2 个年龄组的队列的零元素），截距为 3 ［＝－（－2＋2－3）］。

一般化很简单。在虚拟变量编码的 5×3 年龄－时期矩阵中，年龄的零向量元素是－4、－3、－2、－1，时期的零向量元素是 2 和 1，队列的零向量元素是－6、－5、－4、－3、－2 和－1。基于第 1 个时期的最小年龄组和第 5 个队列（对应第一个时期中的最小年龄组）的截距确定如下：$v_{1a} = -4, v_{1p} = 2, v_{5c} = -2$，截距等于 4 ［＝－（－4＋2－2）］。

附录 2.3 作为无偏估计的约束估计

根据定义，约束总体参数 β_{c1} 与约束条件 c_1 正交：$c_1'\beta_{c1} = 0$。为了表明约束估计是 β_{c1} 的一个无偏估计，笔者证明其期望值与 c_1 正交。为了求得 b_{c1}^0，笔者将矩阵方程写为：$y = X b_{c1} + \epsilon$。将这个矩阵方程乘以 X 的转置矩阵，得出：

$$X'y = X'X b_{c1}^0 + X'\epsilon \qquad (A2.3-1)$$

为了求解 b_{c1}^0，我们使用基于约束条件 c_1 的广义逆来左乘上述方程。结果为：

$$(X'X)_{C1}^- X'y = (X'X)_{C1}^- X'X b_{c1}^0 + (X'X)_{C1}^- X'\epsilon \qquad (A2.3-2)$$

因为 $E(X'\epsilon) = 0$，所以预期能得到 $(X'X)_{C1}^- X'y = E(b_{c1}^0)$。由于这个估计基于约束条件 c_1，所以有 $c_1'E(b_{c1}^0) = 0$。因此，$c_1'E(b_{c1}^0) = c_1'\beta_{c1}$ 且 $E(b_{c1}^0) = \beta_{c1}$。该约束估计量是约束参数的无偏估计。

参考文献

Clayton, D., and E. Schifflers. 1987. Models for temporal variation in cancer rates Ⅱ: Age－period－cohort models. *Statistics in Medicine* 6: 468－81.

Eisner, M. 2003. Long term historical trends in violent crime. *Crime & Justice: A Review of Research* 30: 83－142.

Fienberg, S. E., and W. M. Mason. 1979. Identification and estimation of age－period－cohort models in the analysis of discrete archival data. *Sociological Methodology* 10: 1－67.

Greene, W. H. 1993. *Econometric Analysis* (2nd edition). New York: MacMillan.

Hirschi, T., and M. R. Gottfredson. 1983. Age and the explanation of crime. *American Journal of Sociology* 89: 552－84.

Kupper, L. L., J. M. Janis, I. A. Salama, C. N. Yoshizawa, and B. G. Greenberg. 1983. Age－period－cohort analysis: An illustration of the problems in assessing interaction in one observation per cell data. *Communications in Statistics* 12: 2779－807.

Kupper, L. L., J. M. Janis, A. Karmous, and B. G. Greenberg. 1985. Statistical age－period－cohort analysis: A review and critique. *Journal of Chronic Disease* 38: 811－30.

Levitt, S. D. 2004. Understanding why crime fell in the 1990s: Four factors that explain the decline and six that do not. *Journal of Economic Perspectives* 18: 163－90.

Mason, K. O., W. M. Mason, H. H. Winsborough, and W. K. Poole. 1973. Some methodological issues in cohort analysis of archival data. *American Sociological Review* 38: 242－58.

Mason, W. M., and S. E. Fienberg (eds.). 1985. *Cohort Analysis in Social Research: Beyond the Identification Approach.* New York: Springer－Verlag.

Mazumdar, S., C. C. Li, and G. R. Bryce. 1980. Correspondence between a linear restriction and a generalized inverse in linear model analysis. *The American Statistician* 34: 103－05.

McCullagh, P., and J. A. Nelder. 1989. *Generalized Linear Models* (2nd edition). New York: Chapman & Hall.

O'Brien, R. M. 2003. UCR violent crime rates, 1958－2000: Recorded and offender－generated trends. *Social Science Research* 32: 499－518.

O'Brien, R. M. 2011. Constrained estimators and age－period－cohort models. *Sociological Methods & Research* 40: 419－52.

O'Brien, R. M., J. Stockard, and L. Isaacson. 1999. The enduring effects of cohort size and percent of nonmarital births on age－specific homicide rates, 1960－1995. *American Journal of Sociology* 104: 1061－95.

Scheffé, H. 1959. *The Analysis of Variance.* New York: John Wiley & Sons.

Searle, S. R. 1971. *Linear Models.* New York: John Wiley & Sons.

Yang, Y., W. J. Fu, and K. C. Land. 2004. A methodological comparison of age－period－cohort models: Intrinsic estimator and conventional generalized linear models. In *Sociological Methodology*, ed. R. M. Stolzenberg, 75－110. Oxford: Basil Blackwell.

Yang, Y., and K. C. Land. 2013a. *Age－Period－Cohort Analysis: New Models, Methods, and Empirical Applications.* New York: Chapman & Hall.

Yang, Y., and K. C. Land. 2013b. Misunderstandings, mischaracterizations, and the problematic choice of a specific instance in which the IE should never be applied. *Demography*, 50: 1969－71.

Zimring, F. E. 2007. *The Great American Crime Decline.* New York: Oxford University Press.

APC 模型和约束估计的几何原理

如果代数同几何分道扬镳，它们的发展就会缓慢，它们的应用就会受限，但是当这两门科学携手并进时，它们就会彼此借力并日臻完善。

Joseph Louis Lagrange，1795

3.1 引言

把统计问题的构想可视化非常有利于我们对问题的理解。罗纳德·费希尔（Ronald Fisher）就使用该方法发展出了很多新奇的检验和统计流程。他因从几何角度看待各种关系而闻名，也因未及时地以代数方法证明这些关系而声誉扫地（Box，1978：122－129）。对年龄－时期－队列（APC）模型几何原理的初步了解可使我们加深对 APC 识别问题的认识，也可增进我们对“求解”这些模型所用的不同方法的理解。

本章介绍了 APC 模型识别问题的几何原理，并以“行视角”来展现。它将普通方程中的每一行都作为 m 维解空间的几何对象，而不是采用“列视角”并对每一列都进行检验（Strang，1998）。在传统的 APC 模型中，自变量矩阵是少于满列秩的。无论是在区间水平上连续测量年龄、时期和队列（年龄单位：岁；时期单位：日期所在年份；队列单位：出生年份），还是利用虚拟变量编码或效应编码将年龄、时期和队列作为分类变量，这一点均成立。由于我们讨论的是 APC 模型，所以我们的关注点在于模型秩亏的几何原理以及从几何角度来看约束解法是如何发挥作用的。[①]

采用行视角的最简单的多方程组（不涉及 APC 模型）清楚地展现了线性依赖问题。为更好地阐释这一视角，笔者举了一个只有一个自变量（一维）的例子，然后拓展到二维和三维（两个或三个自变量）。这个方法被拓展到有 m 维的例子中。几何视角阐释了约束回归如何解决由单一秩亏导致的问题。随后我们的关注点明确转移到 APC 模型上。在这个更具体的现实背景下，请读者思考其对这些特定解法中的任何一种有多少信心，以及可增加其对任何特定约束解法所提供的解的信心的因素有哪些。最后，以从此几何角度所获得的对 APC 模型的一些见解结束本次讨论。

3.2 一般几何视角下的单一秩亏模型

笔者首先检验了标准方程及其超平面表示。重点在于这些超平面的相交处及以下事实：在单一秩亏的情况下，其中一个超平面并未与由所有其他超平面相交的点所形成的直线相交（于某一点）。这个背景设定是 m 维的解空间。从教学角度来说，从一维、二维到三维入手，然后直观地过渡到在 m 维一般情况中单一秩亏模型的几何原理是可取的。我们将会看到，问题在于：尽管 $m-1$ 个超平面（代表着 $m-1$ 个标准方程）彼此相交从而在 m 维的解空间中形成一条直线，但是剩余超平面（代表着剩下的标准方程）与这条直线并不存在交点；相反的是，这条直线位于该剩余超平面的表面。

这个几何原理适用于任何单一秩亏的情况。比如，除了 APC 模型之外，在以下情况中也会出现这种单一秩亏情况：

1. 考试总分由数学得分加上口语得分组成，而某个人想评估总分（TS）、数学得分（MS）和口语得分（VS）对大学 GPA 的独立影响，则线性依赖可表达为 VS + MS = TS。

2. 分离教育地位（ES）、职业地位（OS）和地位不一致（SI）的影响：SI = OS - ES（Blalock，1967）。

3. 厘清起始地位（OrigS）、目标地位（DS）和流动程度 DM 的影响：

① O'Brien（2012）讨论了秩亏为 1 以及更多的情况，本章节中的部分内容衍生自那篇文章。

DM = DS - OrigS（Duncan，1966）。

4. APC 模型线性编码：P - A = C。

线性依赖关系在 APC 分类编码的情况下更为复杂。比如，以 X 矩阵右乘零向量来表示 5×5 的年龄 - 时期表也可以写为 $\mathbf{0} = X(0, -2, -1, 0, 1, \cdots, 2, 3)'$（见第 2 章，附录 2.2），这意味着零向量元素与自变量矩阵各行的点积为零：$Xv = \mathbf{0}$。依据其中某个与其他自变量构成线性依赖关系的自变量来书写这一线性依赖关系的其中一种方式为：$a_1 = 0.00 \times \text{intercept} - 0.50\, a_2 + 0.00\, a_3 + 0.50\, a_4 + \cdots + 1.00\, c_7 + 1.50\, c_8$。也就是说，可以通过其他自变量的值准确确定 a_1 的值。

我们在整个过程中都将使用与普通最小二乘（OLS）回归相关的标准方程，因为这是读者最熟悉的情况。但是，广义线性模型的几何原理与其是等效的，因为在这些模型中，因变量是自变量的线性函数（见第 2 章）。我们从最简单的双变量情况开始，从各自变量分数中减去自变量均值，并从各因变量分数中减去因变量均值，这样就可以得到偏差分数。由于截距为零，因此我们可以专注于这两个变量之间的回归系数。

众所周知，在单一因变量 - 单一自变量的情况下，只需要两个量来求出斜率：自变量的平方和（$\sum x^2$）和自变量与因变量的乘积之和（$\sum xy$）。在这个使用偏差分数的双变量情境中，存在如下标准方程：

$$(\sum x^2)b = \sum xy \tag{3-1}$$

并可得出众所周知的解 $b = \sum xy / \sum x^2$。利用矩阵代数，我们可将方程（3 - 1）改写为 $X'Xb = X'y$ 的形式，其中，X 是自变量偏差的 $n \times 1$ 向量，y 是因变量上 y 偏差的 $n \times 1$ 向量。这表明列向量已被转置（在这个例子中已经被转化为行向量）。进行矩阵乘法运算，我们可以得出一个单一方程，即方程（3 - 1）。具体而言，如果我们对 $\sum x^2$ 和 $\sum xy$ 进行赋值：$\sum x^2 = 4$ 和 $\sum xy = 8$，那么，方程（3 - 1）就可以写成 $4b = 8$，从而得出 $b = 2$。从几何角度来看，解空间只有一个维度（b），方程（3 - 1）表示这条直线上一个特定的点。解这个方程可确定该解的可能值 b 在这一维度中的位置。

在双自变量情况下，我们同样通过将其原始分数减去其均值的方式将变量中心化，从而使所有变量均以偏差分数形式表示。两个自变量的区别在于下标

（标1或2），即 x_1 和 x_2 。

从代数角度来看，有关的量为 $\sum x_1^2$、$\sum x_2^2$、$\sum x_1 x_2$、$\sum x_1 y$ 以及 $\sum x_2 y$ 。在大量涉及多元回归的入门教材中出现的公式使得我们可以将这些量带入公式中，从而解出两个回归系数（Cohen，Cohen，West，and Aiken，2003；Fox，2008）。矩阵代数表示保持不变，即 $X'Xb = X'y$ ，但是现在 X 矩阵包含两列（其中一列表示各自变量）和 n 行（其中一行表示各观测值）。向量 b 包含两个要素：一个是第一个自变量的回归系数（b_1），另一个是第二个自变量的回归系数（b_2）。利用平方和以及交叉乘积得到的方程的显式矩阵表示（注意所有变量均以偏差分数的形式表示）如下所示：

$$\begin{bmatrix} \sum x_1^2 & \sum x_1 x_2 \\ \sum x_2 x_1 & \sum x_2^2 \end{bmatrix} \begin{bmatrix} b_1 \\ b_2 \end{bmatrix} = \begin{bmatrix} \sum x_1 y \\ \sum x_2 y \end{bmatrix} \tag{3-2}$$

若在方程（3-2）中进行矩阵乘法，则可得到两个标准方程：

$$\begin{aligned} (\sum x_1^2) b_1 + (\sum x_1 x_2) b_2 &= \sum x_1 y \\ (\sum x_2 x_1) b_1 + (\sum x_2^2) b_2 &= \sum x_2 y \end{aligned} \tag{3-3}$$

这两个方程均为线性方程［线性方程的一般形式是（$A b_1 + B b_2 = c$）］。同样，我们为平方和以及交叉乘积（$\sum x_1^2$，$\sum x_2^2$，$\sum x_1 x_2$，$\sum x_1 y$ 和 $\sum x_2 y$）赋予一些适当的值，并将这些值代入方程（3-3），则可以得到一组由真实数据产生的标准方程：

$$\begin{aligned} 4b_1 + 2b_2 &= 8 \\ 2b_1 - 3b_2 &= -4 \end{aligned} \tag{3-4}$$

我们可以利用一些方法解出这个由两个方程构成的方程组，例如，将 $1.5 b_2 - 2$（根据第二个方程推导得出）代入第一个方程的 b_1 中；我们可以解出 $b_2 = 2$ ，在知道 b_2 后我们可以很容易地解出 b_1 等于1。

从几何角度来看，目前解空间中有两个维度：一个为 b_1 ，另一个为 b_2 。标准方程（3-4）是直线方程，如果这两条直线相交于此二维解空间中的某一点，则可确定这个由两个方程构成的方程组的唯一解，其如图3-1所绘，其中横轴代表 b_1 维度，纵轴代表 b_2 维度。笔者基于方程（3-4），按以下方式画出了这两条直线：利用（3-4）里的第一个方程，如果 $b_2 = 0$ ，则 $b_1 = 2$ ，所以这条线上有一个点为（2，0）。同理，如果 $b_1 = 0$ ，则 $b_2 = 4$ ，所以这条线上的另一点为（0，4）。有了这两个点，我们就可以在二维解空间中画出第一条直线（表示方程 1 的直线）。同样，可以利用相同的方式画出第二条直线：如果我们假设 $b_2 = 0$ ，则 $b_1 = -2$ ，所以这条线上有一个点为（ -2，0）。如果我们设 $b_1 = 0$ ，则 $b_2 = 1.33$ ，所以这条线上还有一个点为（0，1.33）。这样，我们就可以画出第二条直线。而这两条直线相交于（1，2）这一点，即 $b_1 = 1$ ，$b_2 = 2$ ，这也就是几何视角下的含有两个自变量的标准方程的解。大多数读者都很熟悉这一方法。

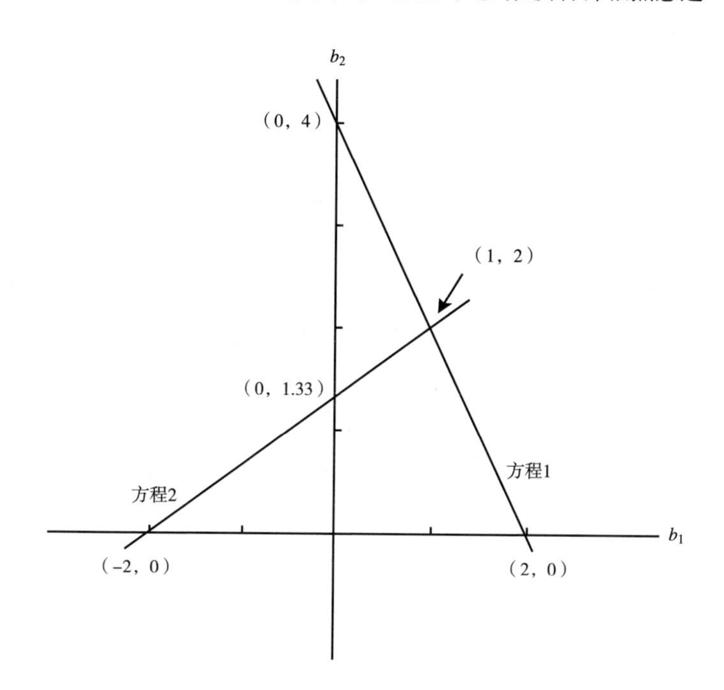

图 3－1　方程（3－4）两自变量情况下的解

假设这两个方程具有线性依赖关系，例如：

$$
\begin{aligned}
4b_1 + 2b_2 &= 8 \\
2b_1 + 1b_2 &= 4
\end{aligned}
\tag{3-5}
$$

第二个方程是第一个方程的一半，且这两个方程不存在唯一解。当我们将第二个方程中 b_1 的值（ $= -0.50b_2 + 2$）代入第一个方程中去求 b_2 时，我们会得到 $0b_2 = 0$ 。这个结果毫无意义，因为 b_2 可以取任意值，即无法确定 b_2 的值。而如果将利用第二个方程推导出的 b_2 的值代入第一个方程中，我们会得到 $0b_1 = 0$ 。从几何角度来说，我们依旧可以利用之前的方法画出第一个方程的图，得到图3－1中所绘方程1的直线。但当我们试图去画出代表第二个方程的直线时，我们会发现，这条线同样与b_1轴交于（2，0），和b_2轴交于（0，4）。也就是说，这两个方程代表的直线是同一条，二者彼此重合。这两个方程的任意解都位于这条直线上。例如，（2，0）既是方程1的解，也是方程2的解，（0，4）和（1，2）同样如此。这两个方程拥有无数个解，且这些解都位于二维解空间的这条直线上。

这条直线方程的一个比较有效的写法为“线的矢量方程”，即写为直线上一点加上标量（s）乘以“线的方向”：

$$\begin{bmatrix}0\\4\end{bmatrix}+s\begin{bmatrix}1\\-2\end{bmatrix}$$

该方向为从原点至（1，－2）的方向。为了说明这个公式是如何发挥作用的，我们需要注意之前已经提到（0，4）在这条直线上，且为$s=0$时的解；（1，2）也在这条直线上，是$s=1$时的解；（2，0）也在这条直线上，是$s=2$时的解。若选择其他s值，我们会得到这条直线上其他点的坐标，即这两个方程所形成的方程组的其他解。重要的是，尽管这个方程组存在无数个解，但是这些解都在这条直线上。

零向量指右乘矩阵时会得到零点向量的向量。在标准方程中，零向量指左乘$X'X$后会得到零点向量的向量（不包括所有零点）。以$X'X$矩阵形式表示方程（3－5），我们有：

$$\begin{bmatrix}4&2\\2&1\end{bmatrix}$$

同时注意，当向量

$$\begin{bmatrix}1\\-2\end{bmatrix}$$

左乘$X'X$时，会得到向量

$$\begin{bmatrix}0\\0\end{bmatrix}$$

即这个矩阵的零向量为$(1,-2)'$，并以v表示，该零向量由其与标量的乘积唯一确定。方程（3－5）仅有一个零向量，因为只存在一种线性依赖关系。注意，方程的解集线与零向量平行，因为二者的方向相同。零向量用经过（0，0）这一点且斜率为 -2 的直线表示。

在由自变量线性依赖关系所造成的问题和求解中，可以用几何方法来直观解释的最复杂的情况要数有三个自变量的情况了。下面所展示的就是三个自变量情况下的平方和以及交叉乘积的显式矩阵方程：

$$\begin{bmatrix} \sum x_1^2 & \sum x_1x_2 & \sum x_1x_3 \\ \sum x_2x_1 & \sum x_2^2 & \sum x_2x_3 \\ \sum x_3x_1 & \sum x_3x_2 & \sum x_3^2 \end{bmatrix} \begin{bmatrix} b_1 \\ b_2 \\ b_3 \end{bmatrix} = \begin{matrix} \sum x_1y \\ \sum x_2y \\ \sum x_3y \end{matrix} \tag{3-6}$$

我们可以将这个矩阵方程中隐含的三个标准方程表述为如下方程组：

$$\begin{aligned} (\sum x_1^2)b_1 + (\sum x_1x_2)b_2 + (\sum x_1x_3)b_3 &= \sum x_1y \\ (\sum x_2x_1)b_1 + (\sum x_2^2)b_2 + (\sum x_2x_3)b_3 &= \sum x_2y \\ (\sum x_3x_1)b_1 + (\sum x_3x_2)b_2 + (\sum x_3^2)b_3 &= \sum x_3y \end{aligned} \tag{3-7}$$

在求解 b_1 、b_2 、b_3 时，我们可以利用这三个标准方程求出最小二乘解。从几何角度来看，这三个方程是三个平面的方程，即 $A\,b_1 + B\,b_2 + C\,b_3 = d$ ，其中 A 、B 、C 和 d 均为实数。同样，我们可以为这些平方和以及交叉乘积赋予适当的值（当然，在实际情况中，这些值均由观测所得）。利用这些数据，我们可以得到如下公式：

$$\begin{aligned} 4b_1 + 4b_2 + 2b_3 &= 8 \\ 4b_1 + 6b_2 + 4b_3 &= 10 \\ 2b_1 + 2b_2 + 4b_3 &= 12 \end{aligned} \tag{3-8}$$

这些方程可以像解之前（3 - 4）中两个方程的方程组一样利用代换法或矩阵代数来求解，求得的解集为 $b_1 = 2.333$ ，$b_2 = -1.667$ ，$b_3 = 2.667$ 。该解集是这些数据的唯一最小二乘解集。

我们可以像之前那样来构建几何图形，不同的是，现在的解空间存在三个维度（ b_1 、b_2 和 b_3 ）。这三个方程中的每一个都代表一个平面，为了构建其中一个平面，我们需要第一个方程的平面与 b_1 轴的交点，也就是说，当 b_2 和 b_3 均为零时，b_1 的值是多少。这个结果是 $b_1 = 2$ ，即这个平面上的一个点是（2，0，0）。同理，第一行的方程所代表的平面与 b_2 轴相交于 2，所以第二个位于这个平面上的点为（0，2，0）。最后，这个平面交 b_3 轴于4，也就是说另一个位于该平面上的点为（0，0，4）。这三个点确定了这个三维空间中第一个方程所代表的平面。采用同样的方法，我们可以求出第二行的方程所代表的平面与这三个轴分别相交于（2.50，0，0）、（0，1.667，0）和（0，0，2.50）三点，第三行的方程所代表的平面分别与这三轴相交于（6，0，0）、（0，6，0）和（0，0，3）三点。这三个平面中的任意两个平面均为线性独立的，它们会两两相交，并且交点可构成一条直线。同样，第三个平面和前两个平面也未构成线性依赖关系，所以第三个平面会与前两个平面交点形成的直线相交于某一点，该点即这三个方程的最小二乘解。若线性独立，则一条直线和一个平面将会在三维空间中相交于某一点。

这个交点（2.333，-1.667，2.667）将会和利用代数方法得出的解一模一样。细心的几何学者能够利用这种平面相交的方法得出此解。当然，笔者感兴趣的是几何视角所提供的可视化，但并不推荐大家通过几何作图的方式计算求解。目前，我们只需简单地去想象两个平面在一个三维空间里相交于一条直线（将这个三维空间想象为一个房间），而另一个平面则与这条直线相交于一点。这个交点在三维空间中具有唯一坐标，因此方程组在参数估计中具有唯一解。

方程组（3-9）为一组具有线性依赖关系的方程，其中，将第一行方程的一半和第二行方程的一半相加便可得到第三行方程：

$$\begin{aligned} 4b_1 + 4b_2 + 2b_3 &= 8 \\ 4b_1 + 6b_2 + 4b_3 &= 10 \\ 4b_1 + 5b_2 + 3b_3 &= 9 \end{aligned} \tag{3-9}$$

这个方程组不存在唯一解。如果我们画出这三个方程中的两个的平面图，这两个平面将会相交于一条直线，因为这三个方程中任意两个均不构成线性依赖关系。然而，这条直线并未与第三个平面相交于某一点，而是位于这个平面上。因此，这条直线上的任意一点都可以作为这组方程的解。若要让这个方程组存在唯一解，剩余平面应与其他两个平面相交形成的直线相交于某一点。我们将在本章后面的图3-2中以真实情境中的APC模型来描述这种关系。

对于（3-9）中的前两个方程，可以利用下列直线向量方程来表示它们的相交线：

$$\begin{bmatrix}1\\1\\0\end{bmatrix}+s\begin{bmatrix}1\\-2\\2\end{bmatrix} \qquad (3-10)$$

第二个和第三个方程的交点也可以用同一条直线来表示。同理，第一个和第三个方程也可以。

剩余平面无法让我们求出唯一解，因为它并没有和这条直线相交于某一点：这条直线上所有的点都位于剩余平面上，因此这条直线和这个平面不存在唯一交点。如果剩余的这个方程所代表的平面与其他两个平面不构成线性依赖关系，那么这个平面将会和另外两个平面的相交线相交（在约束回归中，剩余平面被迫改变方向，从而在约束条件下提供唯一解）。

方程（3－9）的零向量是 $(1, -2, 2)'$，因为：

$$\begin{bmatrix}4&4&2\\4&6&4\\4&5&3\end{bmatrix}\begin{bmatrix}1\\-2\\2\end{bmatrix}=\begin{bmatrix}0\\0\\0\end{bmatrix} \qquad (3-11)$$

零向量与另外两个相交平面的相交线平行。我们把这条相交线命名为“解集线”，因为这条直线上的任一点都可以解出秩亏为 1 的方程组。在 APC 案例中，在这条直线上的任意解对于 APC 模型来说都是最小二乘解。在广义线性模型的情形下，解集线上的所有解都是最优拟合解。因为广义线性模型与自变量存在不同的函数关系，所以每一个广义线性回归模型（比如泊松回归或 logistic 回归）都有一个不同的解集线。

3.3 多维模型的泛化

在非线性依赖方程的情况下，我们发现在双变量的情况下，在所有变量都为离差形式时，标准方程组由两个线性方程组成，且这两条直线在二维解空间中相交，并为这组方程提供唯一解。当有三个自变量时，会有三个标准方程，且均为平面方程。这三个平面在三维解空间中相交于唯一点，并为这组方程提供唯一解。除了这些直观的二维和三维的情况外，其泛化/扩展十分明晰，但是术语和可视化却比较困难。在存在四个自变量的情况下，会有四个标准方程，每一个都代表一个三维超平面（该平面维度大于二维，含有三个自变量）。如不存在线性依赖关系，那么这四个三维超平面将在四维解空间中相交于某一点，并提供唯一解。若存在 m 个自变量，则存在 m 个标准方程，且每一个方程都会代表一个（$m-1$）维超平面。这 m 个超平面在 m 维解空间中相交于某一点，并为这个由 m 个方程构成的方程组提供唯一解。

在存在线性依赖关系的情况下，当存在两个自变量时，代表这两个标准方程的两条直线重合。它们并没有相交，且"解集线"上的任一解均为这两个方程的解。在三个自变量的情况下，三个标准方程代表着三个平面，这三个平面中的两个在三维解空间中相交于一条直线，但是剩余的一个平面并未与这条直线相交于唯一点，相反，解集线位于该平面上。若存在四个自变量，则会有四个标准方程，且每一个方程都代表一个三维超平面，并且这四个三维超平面中的三个会相交于一条直线，但是剩余的一个三维超平面并没有和这条直线相交，相反，这条直线位于该平面上。这是不可能具体可视化的，但一般化却很简单，与存在 m 个自变量时的情况一样。Kendall（1961）为这些结果提供了更为科学的依据，但仅涵盖满秩的情况。附录 A3.1 中给出了拓展至 m 维矩阵秩亏的规律，这将有助于使这些扩展正式化。当然，几何和代数是等价的。现在，笔者将明确转向 APC 模型，并且在这个更具现实性的讨论中，不可避免地重复本章前面讨论过的一些内容。这个更具有现实导向性的例子将从几何角度明确探讨约束回归是如何发挥作用的。

3.4 含线性编码变量的 APC 模型

在以下情况下，我们可以在一个三维空间中描绘 APC 模型，即年龄、时期和队列都被编码为连续型定距变量，且连同因变量一起进行了中心化处理。这三个变量中的任意两个变量均不构成线性依赖关系。比如，已知时期并不能确定年龄组，且已知队列的出生日期并不能确定时期。但同一模型中的这三个变量彼此之间存在线性依赖关系，已知时期和年龄（譬如说）便能确定出生队列。在此情况下，这三个变量之间存在线性依赖关系，但其中任意两个变量之间是相互独立的。

当存在三个标准方程并且每一个方程都代表一个平面时，其中的两个平面彼此相交，形成一条直线，而剩余平面并没有与这条直线相交于一点。相反，解集线位于剩余平面上。我们可以确定这条所有解必定位于其上的直线，但剩余平面（方程）并未与这条直线相交于唯一点。

约束回归解决这种困境的方案是设定“剩余平面”的方向，使其与解所在的直线相交。一种方法是使用基于特定约束条件的广义逆（Mazumdar，Li，and Bryce，1980），如此便可得到该方程组的一个解（在那个约束条件下）。人们也可以使用任何适当的广义逆，而强加的约束条件通常是比较隐蔽的。

3.4.1 年龄、时期和队列作为连续型变量：一个具体案例

最简单的 APC 可视化约束条件是使用连续“定距编码”的年龄、时期和队列变量。如果我们将年龄编码为岁数，时期编码为年份，队列编码为出生年份，那么就会出现这种情况。如果将数据以 5 年为一组进行归类，我们可以将15～19 岁年龄组的所有人编码为 17 岁，20～24 岁年龄组的人编码为 22 岁，以此类推。时期方面，将 1990～1994 年编码为 1992 年，1995～1999 年编码为 1997 年，以此类推。队列值则将会基于这些线性编码的年龄和时期值（队列 = 时期 - 年龄）。这里，研究人员通常采用的约束条件是不在分析中考虑这三个变量中的某一个。例如，研究人员可以在不考虑队列效应的情况下研究年龄和时期与因变量之间的关系。

在考虑所有三个成分的时候，这种模型的线性依赖性来自“时期 - 年龄 = 队列”这一事实。在这种简单的情况下，聚合层次数据的 APC 线性模型的方程如下：

$$y_{ij} = \mu + b_a Age_i + b_p Period_j + b_k Cohort_k + e_{ij} \quad (3-12)$$

其中，y_{ij} 为与第 j 个时期中的第 i 个年龄组相关的率，μ 是截距，Age_i 是与第 i 个年龄组相关的线性编码年龄，$Period_j$ 是与第 j 个时期相关的线性编码时期，$Cohort_k$ 是与相应的时期和年龄相关的线性编码队列，e_{ij} 是与第 i 个年龄、第 j 个时期观测值相关的残差。方程（3 - 12）可以扩展到包括其他变量，如各时期内各年龄组的失业率（年龄 - 时期别失业率）和/或年龄的平方。通常而言，这不会影响线性编码的年龄、时期和队列变量之间的线性依赖关系。①

3.4.2 年龄、时期和队列线性编码效应的几何原理

这种情况下的几何原理要比完整类别编码的 APC 模型的几何原理更简单，

① 如果这些附加变量是年龄、时期和队列本身的线性组合，那么它们可能会对线性依赖关系产生影响。

并且能够为更复杂的情况提供一些洞见。Rodgers（1982：782）将年龄、时期和队列模型线性成分之间的关系记为（用笔者的话来说）：

$$\begin{aligned} b^0_{ac} &= b^0_{ac1} + s \\ b^0_{pc} &= b^0_{pc1} - s \\ b^0_{kc} &= b^0_{kc1} + s \end{aligned} \qquad (3-13)$$

其中，方程左边的系数分别是无数个年龄、时期和队列待估线性效应中的任意一个，方程右边的系数是在约束条件 $c1$ 下系数的线性效应，s 是标量。这些效应的估计值之间存在线性依赖关系，例如，如果 s 是 0.50，那么 b^0_{ac} 比约束条件 $c1$ 下的回归系数大 0.50，b^0_{pc} 比约束条件 $c1$ 下的回归系数小 0.50，b^0_{kc} 比约束条件 $c1$ 下的回归系数大 0.50。将这组方程以向量形式表示很有帮助，如下所示：

$$b^0_c = b^0_{c1} + sv \qquad (3-14)$$

或更明确地写为：

$$\begin{bmatrix} b^0_{ac} \\ b^0_{pc} \\ b^0_{kc} \end{bmatrix} = \begin{bmatrix} b^0_{ac1} \\ b^0_{pc1} \\ b^0_{kc1} \end{bmatrix} + s \begin{bmatrix} 1 \\ -1 \\ 1 \end{bmatrix} \qquad (3-15)$$

方程（3 - 14）是直线 $b^0_c = b^0_{c1} + sv$ 的向量方程形式，其中 b^0_c 代表任意一个最优拟合解，b^0_{c1} 代表特定的最优拟合解，s 是标量，$v = (1, -1, 1)'$ 是零向量且代表直线的方向。对方程（3 - 14）而言，它有无数个解，并且这些解都位于三维空间里的直线 $b^0_c = b^0_{c1} + sv$ 上。要找到这条直线，我们不需要知道“自然使用”的参数来得出结果数据，因为从某种角度来说，生成参数只不过是解集线上诸多解中的一个。我们只需要计算标准方程的一个解（b^0_{c1}），然后加上 sv 就行了。

为了让这些关系更加具体，笔者在表 3 - 1 中给出了在第 2 章中使用过的相同结构的数据。如果将这些数据进行中心化处理，我们可以得到表 3 - 1 所示的偏差数据。在这些偏差数据的第一行里，年龄、时期和队列的值分别为 -1.5、-1.5、0,其与向量 $(1, -1, 1)'$ 之间的乘积为零。表 3 - 1 中其他行的数据同样如此。如果我们使用原始数据并且为截距添加一列 1 作为设计矩阵的第一列，那么零向量则为 $(0, 1, -1, 1)$。在矩阵表示法中，我们将其写为 $Xv = \mathbf{0}$。

表 3－1 从 4×4 年龄－时期表中选取的例证数据

截距	原始数据				偏差数据			
	年龄(岁)	时期(年)	队列(年)	y	年龄	时期	队列	y
1	41	2005	1964	7	-1.5	-1.5	0	-4.5
1	42	2005	1963	6	-0.5	-1.5	-1	-5.5
1	43	2005	1962	5	0.5	-1.5	-2	-6.5
1	44	2005	1961	4	1.5	-1.5	-3	-7.5
1	41	2006	1965	11	-1.5	-0.5	1	-0.5
1	42	2006	1964	10	-0.5	-0.5	0	-1.5
1	43	2006	1963	9	0.5	-0.5	-1	-2.5
1	44	2006	1962	8	1.5	-0.5	-2	-3.5
1	41	2007	1966	15	-1.5	0.5	2	3.5
1	42	2007	1965	14	-0.5	0.5	1	2.5
1	43	2007	1964	13	0.5	0.5	0	1.5
1	44	2007	1963	12	1.5	0.5	-1	0.5
1	41	2008	1967	19	-1.5	1.5	3	7.5
1	42	2008	1966	18	-0.5	1.5	2	6.5
1	43	2008	1965	17	0.5	1.5	1	5.5
1	44	2008	1964	16	1.5	1.5	0	4.5

表 3－1 中例证数据的创建遵循以下方式：年龄趋势为 1，时期和队列趋势为 2。虽然这些数据只有一个趋势，但是过程却与“混乱数据”相同。[①] 将数据转化为均值偏差不仅可以简化数字，更重要的是可以去掉截距，使我们可以在三维空间中画出解集线。我们针对表 3－1 中的偏差数据进行处理，并计算出标准方程（3－16）中的下列结果：

$$X'X \qquad\qquad b = X'y$$

$$\begin{bmatrix} 20 & 0 & -20 \\ 0 & 20 & 20 \\ -20 & 20 & 40 \end{bmatrix}\begin{bmatrix} b_a \\ b_p \\ b_k \end{bmatrix} = \begin{bmatrix} -20 \\ 80 \\ 100 \end{bmatrix} \tag{3-16}$$

① 如果往这种模拟情况中加入误差分量，则误差分量不会对 X 矩阵的值产生影响。但它会对解集线与原点之间的距离产生影响，但不会改变解与零向量平行这一事实。

在这组方程中，向量 b 的任意解都是最小二乘解。从行角度来看，这个 $X'X$ 矩阵中存在明显的线性依赖关系，因为将第一行的相反数和第二行相加便可以得到第三行。从列角度我们可以看到，把第一列的相反数和第二列相加便会得到第三列。

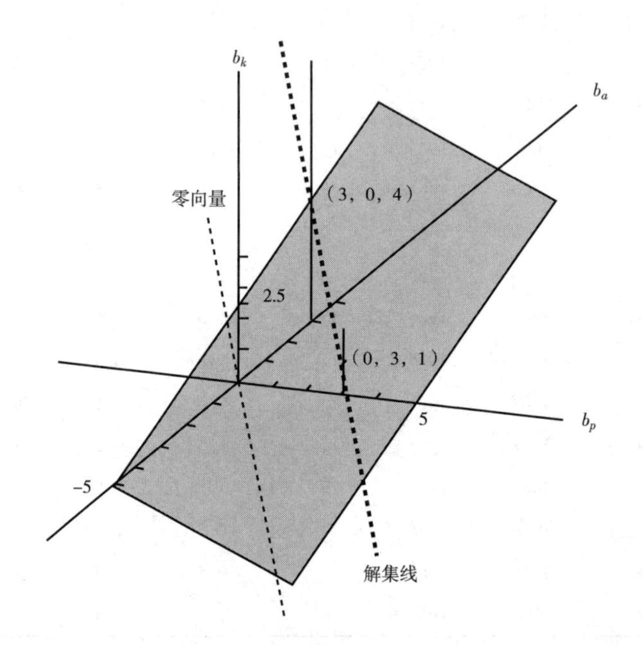

图 3－2　公式（3－16）中线性编码的年龄、时期和队列数据之间线性依赖关系的几何原理

图 3－2 描绘了这些数据的“解集线”和剩余平面。在存在三个线性独立变量的情况中，剩余平面本应与这条解集线相交于某一点，但在这种存在线性依赖关系的情况下，这个平面并没有与解集线相交于唯一点。这个解空间的三个维度分别为：年龄效应、时期效应和纵轴代表的队列效应，笔者分别把这些坐标轴标注为 b_a、b_p 和 b_k。以一条经过原点（0，0，0）的虚线表示零向量（1，－1,1）。为了画出解集线，笔者确定了当时期效应为零时，即当解集线穿过年龄－队列平面时解集线上的一个点，该点为（3，0，4）。我们可以通过查看该点是否可以得出这些标准方程的正确解来检查该点是否位于解集线上。如果时期系数为零，那么对（3－15）中的每一行标准方程来说，该解集（3，0，4）均可求出正确的 $X'y$ 值。也就是说，当时期系数为零时，年龄系数必然为 3，队列系数必然为 4。可以利用相同步骤来确定解集线通过时期－队列平面的点，即（0，3，1）。

这条以加粗虚线表示的解集线经过这两个点，这条直线经过那些用于产生数据（1，2，2）的值和该组标准方程的所有其他解[①]。通常情况下，研究人员并不知道数据是如何“自然”产生的。

求解这个 APC 难题唯一解的障碍是解集线并未和剩余平面相交于唯一点。相反，由于剩余方程和构成解集线的两个方程之间存在线性依赖关系，因此解集线位于剩余平面上。例如，我们可以利用前两个方程求出解集线，然后第三个方程就是剩余方程/平面了，该平面由第三个标准方程 $-20\,b_a+20\,b_p+40\,b_k=100$ 定义。由第三个方程所代表的平面必定经过年龄轴上的 -5.0，即（-5.0，0.0，0.0）这一点，因为当时期和队列均为 0 时，只有当年龄系数是 -5.0 时 $X'y$ 的值才会等于 100。这个平面必定经过时期轴上的 5.0，即（0.0，5.0，0.0）这一点，因为当年龄和队列均为 0 时，只有当时期系数为 5.0 时 $X'y$ 的值才会等于 100。此外，这个平面必定经过队列轴上的 2.5，即（0.0，0.0，2.5）这一点，因为当年龄和时期均为 0 时，只有当队列系数为 2.5 时 $X'y$ 的值才会等于 100。

图 3-2 描绘了当年龄、时期和队列都被线性编码后，这个平面在 APC 模型三维解空间中相交于年龄、时期和队列轴上的三点的情况。解集线位于该平面上，因为这个平面经过解集线上的点（3，0，4）和点（0，3，1），由此可确定解集线位于该平面上。

图 3-3 描绘了当我们限定年龄和时期线性效应相等时方程（3-16）的解。从几何角度来看，我们利用两个标准方程（仍表示平面）来求得其交点，也就是解集线，并调整剩余平面的方向，以便其与解集线相交于唯一点。在图 3-3 中，所用约束条件为（1，-1，0），表示 $1\,b_a-1\,b_p+0\,b_k=0$，其限定了年龄系数和时期系数相等。在不同的约束条件下，队列系数可以取不同的值，但它的值将由约束条件决定，因为约束条件将决定约束平面与解集线相交的位置。约束条件在图 3-3 中表示为穿过原点的短划线，它相对于年龄-时期平面的斜率为 -1，而解被限定为与这个约束条件垂直（正交）。b_k 上任意值的约束条件均相同，例如，在 b_k 维度上的 2 处，一个单位的年龄增长与一个单位的时期增长相匹配。这要求这个平面垂直于年龄-时期平面，并且在年龄-时期平面上的斜率为 1。这个平面和解集线相交于唯一点（1.5，1.5，2.5），在约束回归分析中，所有约束解均与其约束条件正交，即 $(1.50,1.50,2.50)(1,-1,0)'=0$。尽管

① 可利用标准方程上的任意两个解来确定这条解集线。

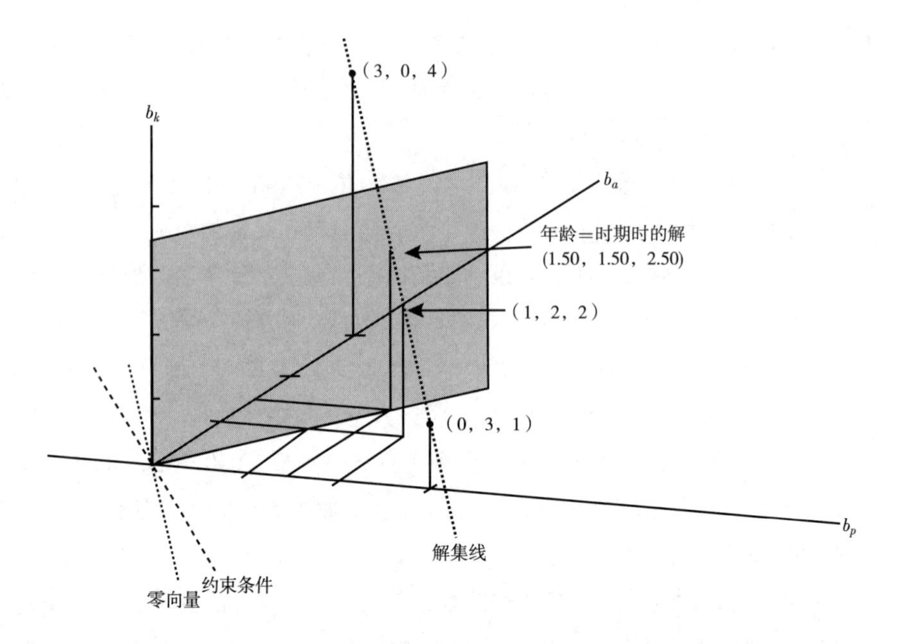

图 3-3 方程 (3-16) 中年龄、时期、队列线性编码后 age1 = age2 约束解的几何原理

这个约束条件提供了唯一解，但是实际问题是，这个特殊的解能否为生成数据的参数提供良好的估计值。

图 3-4 描述的是数据的约束条件更为复杂的情况，其可得出 Morre-Penrose 解。在 APC 情况中，Morre-Penrose 解垂直于零向量。在 APC 模型线性编码的例子中，零向量是 $(1, -1, 1)'$ 或者说在回归方程 $1 \times b_a - 1 \times b_p + 1 \times b_k = 0$ 的三维解空间中。要在这种情况下将约束平面的方向概念化，需要注意，当队列等于零时，我们在年龄 - 时期平面上，并且由于这个等于零的约束条件，年龄和时期必须相等。在图 3-4 中，我们用虚线箭头来表示年龄和时期系数相等的值，并且标记在括号中（$b_a = b_p : b_k = 0$）：在队列效应等于零的情况下，年龄效应系数和时期效应系数相等，约束平面必须经过年龄 - 时期平面上的这条虚线。当年龄系数为零时，我们位于时期 - 队列平面上。为了保持约束条件不变，时期和队列系数必须相等，我们使用实线箭头来表示时期 - 队列平面上时期和队列系数值相等（$b_p = b_k : b_a = 0$），约束平面就在这些线上。虽然很难用图形来描述，但是这个平面的方向为：从虚线箭头所在位置、穿过实线箭头所在的平面底部并朝向读者。当然，这个平面不局限于图 3-4 所示的三角形长条，笔者在这个平面上画了三个箭头表示方向。这个约束平面和解集线相交的地方就是 Moore-Penrose

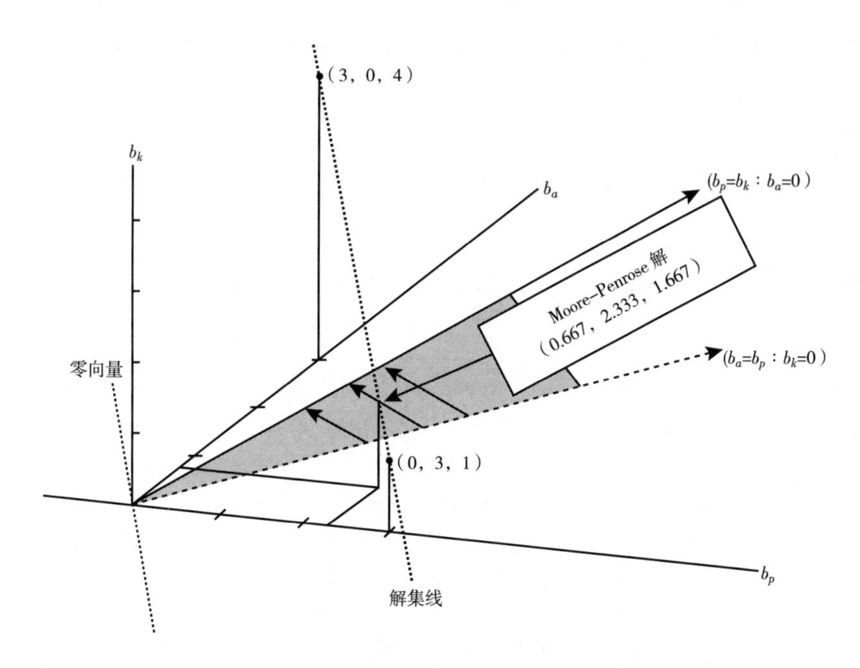

图 3-4 方程（3-16）中年龄、时期、队列线性编码的 Moore-Penrose 解法的几何原理

解，其为约束解。根据我们的数据，该解为（0.667，2.333，1.667），并与其约束条件（1，-1，1）正交，因为$(0.667, 2.333, 1.667)(1, -1, 1)' = 0$。

3.5 几何解和代数解的等价性

当然，这些几何解与代数解是一致的。因为 $X'X$ 并非满列秩的，不存在正则逆（regular inverse），所以我们不能使用在方程（3-16）等式两边乘以 $(X'X)^{-1}$ 的这种传统解题策略得到唯一解向量 b。从几何角度来看，这是“剩余平面”上的解集线形成的线性依赖关系造成的。然而，正如第 2 章所述，我们必须找到一个能得出标准方程的一个最小二乘解的广义逆：

$$(X'X)^{-}X'Xb = (X'X)^{-}X'y \tag{3-17}$$

如第 2 章所述，我们可以用更加明确的形式写出这个解：

$$b_{c1} = (X'X)^{-}_{c1}X'y \tag{3-18}$$

其中，b_{c1} 是标准方程在约束条件 $c1$ 下的约束解，而 $(X'X)^{-}_{c1}$ 是基于这个约束条件的广义逆。从几何角度来看，广义逆限定了剩余平面的方向，使之与解集线相交于某一点，从而提供了一个解。

正如第 2 章所述，可以利用 Mazumdar 等（1980）的步骤来得出一个在特定约束条件下能得到一个解的广义逆。我们利用这个步骤去寻找针对方程（3－16）中的数据的约束解。例如，我们使用 Mazumdar 等的步骤来设定约束条件 $c1 = (1, -1, 0)$（如此能够限定年龄线性效应减去时期线性效应加上零乘以队列线性效应等于零）。我们用（1，－1,0）替换方程（3－16）里 $X'X$ 的最后一行，得到新矩阵的广义逆，接着用零替换这个新矩阵的最后一列。这个广义逆 $(X'X)^{-}_{c1}$ 乘以 $X'y$ 便可得到在该约束条件下的标准方程的解：

$$(X'X)^{-}_{c1} \qquad X'y = b_{c1}$$

$$\begin{bmatrix} 0.025 & 0.025 & 0 \\ 0.025 & 0.025 & 0 \\ -0.025 & 0.025 & 0 \end{bmatrix} \begin{bmatrix} -20 \\ 80 \\ 100 \end{bmatrix} = \begin{bmatrix} 1.5 \\ 1.5 \\ 2.5 \end{bmatrix} \qquad (3-19)$$

这个解始终与其约束条件正交，这样我们就可以通过计算约束向量（1，－1，0）和解向量（1.5，1.5，2.5）之间的点积来验算数据。其结果为零，表明这两个向量相互垂直。为了找到和零向量相互垂直的解（等于 Moore－Penrose 解），我们用（1，－1，1）来替换 $X'X$ 的最后一行，然后继续利用 Mazumdar 等（1980）的步骤。该约束条件是有效的，因为它是零向量，且 Moore－Penrose 解能得出和零向量垂直的解。所得解为（0.667，2.333，1.667），且其与约束条件的点积为零。如果使用表 3－1 中的原始数据，并纳入一个 1 的向量作为截距，我们可以得到相同的回归系数结果。在这种情况下，笔者并未使用截距，这样我们就可以停留在三维情境中，以几何方式更简单地将解空间概念化。

如果我们并未对这些数据进行中心化处理，那么解空间将会是四维的，将存在四个标准方程，且每个方程都是三维超平面方程。这四个超平面中会有三个相交于一条直线，但剩余超平面不会与这条直线相交于唯一点。为了让约束回归生效，我们需要对剩余超平面的方向加以限定，以便其可以与解集线相交于唯一点。例如，如果变量的顺序是截距、年龄、时期和队列，我们就可以使用以下约束条件（0,1，－1,0）来限定年龄和时期系数相等。如要获得 Moore－Penrose 解，我们可以将（0,1，－1,1）作为约束条件。

3.6 多分类模型的几何原理

多分类模型的几何原理比基于线性编码的模型更加复杂，因为它涉及更多维度：多分类模型中的每个参数都是一个维度。可以利用 4 ×4 年龄 – 时期矩阵来阐释该几何原理。在这种情况下，X 有 16 行和 13 列。在 4 ×4 年龄 – 时期矩阵中，行代表 16 个单元，13 列分别代表截距、3 个年龄效应、3 个时期效应和 6 个队列效应（一个年龄、一个时期和一个队列被作为参照类别）。$X'X$ 矩阵是 13 × 13 的，$X'y$ 向量是 13 ×1 的（被作为向量 b）。APC 难题在于 $X'X$ 矩阵中存在一个秩亏。

这个几何原理以在 $X'bX = X'y$ 中的 13 个标准方程为基础，每行都代表一个 12 维超平面。这 13 个超平面中的任意 12 个相交于一条直线：解集线位于 13 维解空间中，但是剩余的那个 12 维超平面并没有和该解集线相交于唯一点（存在线性依赖关系时便会出现这种情况）。必须以能使其与解集线相交的方式对剩余平面加以约束。旋转该超平面，使其方向与研究者施加的约束条件垂直，一般来说，它会与解集线相交于一点，且解集线上的任意解均与约束条件垂直。①

从几何角度来看，我们可以把每个解都看作 13 维解空间中解集线上的解。这条解集线可以用（ $b_c^0 = b_{c1}^0 + sv$ ）来表示。比如，age1 = age2 解的约束条件为 $(0,1,-1,0,0,\cdots,0)$ ，剩余的 12 维超平面和这个约束条件正交。一般而言，有了这个约束条件，这个超平面就会和解集线相交于一点。这条解集线平行于零向量。

对于任意维度的 APC 模型来说，将之拓展至含有 m 个标准方程的模型十分简单。若存在 m 个方程，则解空间里将会存在 m 个维度，而这 m 个方程就表示 m 个（$m-1$）维超平面。解集线（ m 维空间里的一条直线）由 m 个超平面的其中（$m-1$）个相交确定，其向量方程为 $b_c^0 = b_{c1}^0 + sv$ ，其中 b_c^0 、b_{c1}^0 、v 都有 m 个

---

① 注意这和之前讨论过的三个线性编码并中心化了的元素（年龄、时期和队列）的相似性。有三个标准方程（行），且每个方程都代表一个平面。这三个平面中的两个相交于一条直线，但是最后一个平面并没有与这条直线相交。必须对这个平面进行约束，使其与这条解集线相交，且这个平面与其约束条件垂直。笔者用了“一般来说”这个词，是因为我们也可以用以下方式约束剩余平面：约束后剩余平面仍未与解集线相交，也就是说，以不改变剩余平面的方向的方式对其进行约束。

元素。剩余超平面并没有和解集线相交。一般来说，我们向剩余超平面施加的单个约束条件可调整其在 m 维空间里的方向，从而使约束超平面与解集线相交于唯一点，得到有 m 个方程的方程组的一个解。

3.7 离原点的距离和沿解集线的距离

图 3 - 5 的设计有助于让本节所讨论的关系更加直观。图 3 - 5 仅为示意图，因为有很多维度都没在图上画出来。笔者构建了一个平面视图，解集线和零向量均包含在这个平面内。这两条线都在这个平面上，我们可以将这个平面想象为纸张表面（这是可能的，因为零向量和解集线相互平行）。标记为 w 的向量为特殊解向量（IE/Moore - Penrose 解），其垂直于零向量。解向量的元素可告诉我们其在解空间中的位置。我们之所以知道它是一个解向量，是因为它的起点是（0，0，…，0），且它的终点位于解集线上。向量 u 是另一个从原点到该约束解对应的解集线上一点的约束解向量。这两个向量都是在超平面穿过该页的平面时形成的。

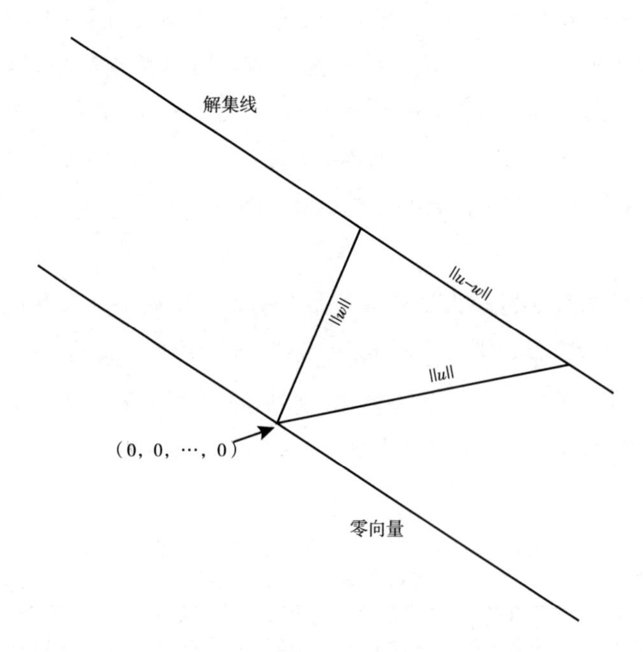

图 3 - 5　约束解的长度和在解集线上解与解之间的距离的示意

我们可以通过以下步骤计算一个向量的长度：对向量元素进行平方，将这些平方元素求和，并取所得和的平方根。在图 3－5 中，向量 u 通常被写作 $\|u\|$；向量点积的平方根为 $\sqrt{u \cdot u}$。我们可以计算出解向量 w 和 u 的长度，因为解向量以原点为起点，终点位于解集线上，这相当于从原点到该解的距离。我们注意到这个距离为与零向量 w 正交的解的最小距离，即这个解为最小范数解。

解集线上任意两解之间距离的计算方法如下：两个向量相应元素间平方差之和的平方根为 $\sqrt{(u-w)\cdot(u-w)}$。按照惯例，这个可以被写作：距离 $=\|u-w\|$。这些就是求解两点间距离的相关公式。另一种关系非常重要，即决定解集线上两个解向量之差的是 sv。它决定了在两个解之间元素对元素的差值。因此，$|s|\|v\| = \|u-w\|$ 也就不足为奇了。也就是说，另一种计算解集线上两解间距离的方式为：距离 $=|s|\|v\|$。

3.8 实证案例：Frost 的结核病数据

笔者将使用在第 1 章中讨论过的、Frost 在 1939 年发表的关于结核病的经典论文里的数据。笔者对第 1 章表 1－2 中出现的数据进行了如下改动：将 0～4 岁和 5～9 岁这两个年龄段合并为一个 10 岁间隔的年龄组 0～9 岁（笔者计算了这两个年龄组中每 10 万人死亡率的平均值），而且笔者删除了 70 岁以上的年龄组。由此，我们得到了各年龄组间隔为 10 岁、时期间隔为 10 年且队列间隔也为 10 年的年龄－时期表（见表 3－2）。左下角 402 这一条与其对角线的下一条 115 位于同一队列中。但只有当队列为 10～19 岁时，其才位于相同队列。

表 3－2　基于 Frost（1939）的数据得出的年龄－时期别结核病死亡率

单位：每 10 万人

年龄(岁)	1880 年	1890 年	1900 年	1910 年	1920 年	1930 年
60～69	475	340	304	246	172	95
50～59	366	325	267	252	171	***127***
40～49	364	336	253	253	***175***	118
30～39	378	368	296	***253***	164	115
20～29	444	361	***288***	207	149	81
10～19	126	***115***	90	63	49	21
0～9	***402***	314	170	115	66	26

注：加粗的死亡率数字表示的是 1871～1880 年出生的队列的死亡率，Frost 将之标记为 1880 队列。

这些数据表示的是每10万人的死亡率，在笔者的分析中，这些死亡率均已取对数。通常而言，笔者会将那些以相对稀少的且以计数为基础得出的死亡率取对数，因为它们通常会呈右偏态分布。这样也可以使结果更接近计数模型的结果。四个不同的约束条件在该数据中被使用：age1 = age2、cohort1 = cohort3、Moore-Penrose 约束（IE）以及时期约束条件的零线性趋势（ZLT）。

表3-3 男性结核病死亡率对数值的约束回归结果

类别	age1 = age2	coh1 = coh3	IE	ZLT 时期	零向量
截距	5.0900	5.0900	5.0900	5.0900	0
年龄0~9岁	-2.6265	-0.3061	-0.0693	0.6900	-3
年龄10~19岁	-2.6265	-1.0796	-0.9217	-0.4155	-2
年龄20~29岁	-0.6794	0.0941	0.1730	0.4261	-1
年龄30~39岁	0.2195	0.2195	0.2195	0.2195	0
年龄40~49岁	1.0255	0.2521	0.1731	-0.0800	1
年龄50~59岁	1.9092	0.3623	0.2044	-0.3018	2
年龄60~69岁	2.7782	0.4578	0.2210	-0.5383	
时期1880年	2.6846	0.7509	0.5536	-0.0791	2.5
时期1890年	1.6889	0.5287	0.4103	0.0307	1.5
时期1900年	0.5692	0.1825	0.1430	0.0165	0.5
时期1910年	-0.4630	-0.0763	-0.0368	0.0898	-0.5
时期1920年	-1.6142	-0.4540	-0.3356	0.0440	-1.5
时期1930年	-2.8656	-0.9319	-0.7346	-0.1018	
队列1811~1820年	-4.3895	-0.1355	0.2987	1.6907	-5.5
队列1821~1830年	-3.7547	-0.2741	0.0811	1.2201	-4.5
队列1831~1840年	-2.8426	-0.1355	0.1408	1.0267	-3.5
队列1841~1850年	-1.9819	-0.0483	0.1491	0.7818	-2.5
队列1851~1860年	-1.0709	0.0893	0.2077	0.5874	-1.5
队列1861~1870年	-0.2537	0.1330	0.1725	0.2991	-0.5
队列1871~1880年	0.6975	0.3107	0.2713	0.1447	0.5
队列1881~1890年	1.4749	0.3147	0.1963	-0.1834	1.5
队列1891~1900年	2.1885	0.2549	0.0576	-0.5752	2.5
队列1901~1910年	2.8788	0.1717	-0.1046	-0.9905	3.5
队列1911~1920年	3.3934	-0.0871	-0.4423	-1.5813	4.5
队列1921~1930年	3.6601	-0.5939	-1.0280	-2.4201	

注：数据来源于表3-2。

这些结果如表3-3所示。注意，不论30~39岁年龄组系数的约束条件是什么，截距都是一样的，因为与这两个系数相对应的零向量元素为0。不论这些解位于解集线上何处，这些元素都是相同的，因为对于这些元素而言，标量乘以零向量元素等于0。每个约束解都能得出与其约束条件正交的解，我们可以很容易地从前两个约束条件中看出这点。年龄的约束条件是 age1 = age2，也就是说：(0 × int + 1 × age1 - 1 × age2 + 0 × age3，…，+0 × coh11 = 0)。它之所以等于0是因为 age1 和 age2 的估计值相同。cohort1 = cohort3 这一列的解同样与其约束条件正交，因为除了分别为1和-1的 cohort1 和 cohort3 元素外，该约束条件中的所有元素均为0。为了体现 IE 解与其约束条件正交，我们必须找到这个解与零向量相乘的点积。我们在这个7×6的年龄-时期表的最后一行把零向量都列了出来。零向量所含元素数量与 X 矩阵中自变量的数量相同。也就是说，一个相对于截距，一个相对于每个年龄组（年龄参照类别除外），一个相对于每个时期（时期参照类别除外），一个相对于每个队列（队列参照类别除外）：23（=1+6+5+11）。这个解空间有23个维度。设计矩阵，即与零向量右乘后的自变量矩阵，产生了一个有23个零的列向量。在这个23维解空间中，解集线与零向量平行。IE 解向量（非参照类别）和零向量之间的点积为零，具体为：(0.00 × 5.0900 - 3.0 × - 0.0693 - 2.0 × - 0.9217…4.5 × - 0.4423 = 0.00)，即 IE 解和零向量正交。零线性趋势时期的约束条件为（-5 × period1880 - 4 × period1890 - 3 × period1900 - 2 × period1910 - 1 × period1920 = 0）。也就是说，（0，0，0，0，0，0，0，-5，-4，-3，-2，-1，0，…，0）乘以时期向量（不包括参照类别）零线性趋势的解的点积为0。这些向量均与其约束条件正交（在23维解空间中相互垂直）。

$b_c^0 = b_{c1}^0 + sv$ 这条直线的向量方程描述了最优拟合解彼此的关系。就解集线而言，b_{c1}^0 和 b_{c2}^0 这两个解之间的距离为 $|s|\|v\|$。当只考虑其中的一个约束解（在 age1 = age2 约束条件的基础上）时，可以通过选择适当的标量 s 值来得出其他解。考虑到我们选择了“参照”约束解 $b_{age1=age2}$，为了获得队列约束条件下的解，要求 $s = -0.773$；为了获得 IE 约束条件下的解，要求 $s = -0.852$；为了获得时期约束条件零线性趋势下的解，要求 $s = -1.105$。这些解都在同一条直线上，因为它们都是通过向量方程 $b_c^0 = b_{c1}^0 + sv$ 得到的。我们可以通过以下方式计算在 age1 = age2 解法中各解之间的距离：使用公式 $|s|\|v\|$，并代入先前推导得出的 s 值；或者 $\|u - w\|$，其中 u 为 age1 = age2 解向量，而 w 则为另一个

解向量。利用这两个公式求得的解集线上各解之间距离的结果相同：age1 = age2 到 coh1 = coh3 为 9.249，age1 = age2 到 IE 为 10.193，age1 = age2 到零线性趋势时期为 13.220。

通过平方解向量元素，然后将其相加并开平方根，我们便可以计算从原点到解集线上每个解的距离。这些解向量的长度为 $\| b^0_{age1=age2} \| = 11.487$，$\| b^0_{coh1=coh3} \| = 5.380$，$\| b^0_{ie} \| = 5.297$，$\| b^0_{ZLTperiod} \| = 6.101$。正如几何原理要求的那样，IE 解到原点的距离最短。这是必然的，因为正是解集线上的这个解与零向量正交，使其与解集线正交。

该几何原理有助于我们理解与零向量相互垂直的解的两个性质。（1）有一种观点认为，这个解是恰好可识别的多分类 APC 模型所有可能约束解的均值。这种“观点”背后的思想是，如果我们想象解集线上分布着无数个解（或者如果你愿意这么理解的话，这些解彼此之间的距离为 0.01），我们可以认为，解分布的中点为垂直于零向量的那一点。从这个意义上说，这个解处于这条解集线中心的“平衡点”上，这也许就是文献中出现以下两种观点的原因所在。Smith（2004：116）认为“也有一种观点认为，IE（内源估计）是约束广义线性模型（CGLIM）估计值的均值”。Press、Teukolsky、Vetterling 和 Flannery（1992：62）注意到，在秩亏为 1 的情况下，“如果我们想要从向量解集中挑出一个特殊解作为代表，我们可能会选择长度最短的那个”。在他们的观点中，Press 等提到了第二个性质：（2）垂直于零向量的解是最小范数解（解到原点距离最小），这可以被视为这个解的一个统计特性。例如，在最小二乘法中，我们可以选择解向量 b 来使距离达到最短：$\| y - Xb \|$。在秩亏为 1 的情况下（我们在 APC 模型中会遇到这种情况），该最优拟合标准并不能求出唯一解，因为解集线上的任意解都可以使这个距离最短。但只有一个解，即垂直解，才能使 $\| y - Xb \|$ 和 $\| b \|$ 最小。这个性质与垂直解的方差小于其他约束解的方差有关。

3.9 APC 模型几何原理重要特征总结

本章开头的引文强调了在 APC 模型中整合几何和代数视角进行分析的重要性。利用这两种观点，我们能更好地理解问题和对策。理解了几何原理，我们就不太可能会在代数运算的复杂性中失去对问题的直观认识，并可以防止我们被复杂的几何参数所迷惑。笔者将在本章结尾处用一个简单的垂直解的例子来说明这一点。

3.9.1 解均位于多维空间中的一条直线上

解均位于多维空间中的一条直线上，这不仅表明 APC 模型有无穷多个解，并且所有这些解都能同样好地拟合数据，而且也排除了无穷多个位于解集线之外的其他解。这一事实会在第 4 章中被用于得到一些“可估函数”。这些函数（例如）可以唯一地估计出年龄、时期以及队列系数的二阶差分，可以估计出年龄系数与年龄系数线性趋势之间的偏差、时期系数与时期系数线性趋势之间的偏差以及队列系数与队列系数线性趋势之间的偏差，可以唯一地估计出结果变量 y 的预测值。这些解是唯一的，因为其对任何约束解而言均相同，更重要的是其与结果数据的生成参数也相同。

利用代数方法，我们很容易会忽略解集线，而只是简单地注意到回归系数不能被识别、自变量矩阵不可逆、存在线性依赖关系并且有无穷多个解。但是几何原理强调我们知道的远不止于此，我们知道满足最优拟合标准的回归系数的组合。此外，我们对两个向量点积为零的含义也有了更为直观的（几何）了解。

3.9.2 几何视角下的距离

几何方法能让我们具体了解最小范数解。解集线上任意约束解到多维解空间原点的距离均为 $\| b_{c1}^{0} \|$ ，拥有最短距离（长度）的解向量即最小范数解。几何原理使得最小范数解（即 IE/Moore - Penrose 解）与零向量垂直这一点变得更加清晰。此外，几何方法还能让我们具体了解解集线上不同解之间的距离的关系。由于 sv 用于与一个解相加得到另一个解，这个几何方法可以表明它们是如何被距离 $| s | \| v \|$ 分离的。

3.9.3 理解约束回归如何解决秩亏问题

从几何角度来看，APC 模型的秩亏问题在于，尽管我们可以确定代表 $m - 1$ 个方程的 $m - 1$ 个超平面相交的那条解集线，但是总有一个超平面不与那条解集线相交。在统计学上，解集线上的任一解都可能代表得出结果变量的参数。然而，根据我们已知的肺结核情况，其中的一些解可能会被否决。例如，我们不会将队列效应约束为随着时间的推移而增加，因为我们知道结核病的暴露及其特有的潜伏期。同样的，犯罪学家不可能选择年龄呈正趋势的约束条件来确定美国凶杀犯罪的年龄 - 时期 - 队列模型。重要的是，解集线上的任一解都是潜在的解，如果我们不拿一些“外部信息”进行支撑说明的话，也许它们是（真实）解的可能性相同。约束回归的作用是改变剩余超平面的方向，使其与约束条件正交，使超平面与解集线相交于唯一点。由此可得出在约束条件下 APC 难题的无偏解。

3.10 机械约束的问题

当使用约束回归来解决 APC 难题时，解的优劣主要取决于用于得到这一解的约束条件。如果约束条件与自然得出数据的方式相匹配，那么全部的解就会和数据产生的方式相一致（但要始终警惕 APC 全模型的设定是否正确）。术语“机械约束”系指该方法通常对所有数据集应用相同的约束条件或过程。只有当约束条件与自然生成结果值的方式一致时，才能利用机械约束得出与数据生成方式相关的参数的无偏解。

以下情况是有可能发生的：当特定机械解的标准误比其他约束解的更小时其会更高效，或者存在特定的估计使得原点到解的距离更小，或者这一解与零向量相互垂直（Yang，Fu，and Land，2004；Yang，Schulhofer-Wohl，Fu，and Land，2008），或者其为最大熵解（Browning，Crawford，and Knoef，2012），或者其为通过主成分回归分析得出的解（Fu，2000；Kupper，Janis，Salama，Yoshizawa，and Greenberg，1983）。这些方法并未使用与数据或问题实质性内容相关的任何数据来识别 APC 模型。例如，在 APC 模型秩亏为 1 的情况下，IE 可将等同于 Moore - Penrose 解所施加的约束条件作为求解 APC 难题的约束条件。Yang 等（2008）注意到了这一估计值的几个潜在统计优势：参数的方差最小，原点至解集线上任意约束解的解向量的长度最短，解垂直于零向量；且他们认为（2008：1697）：“IE 不仅具有应用于 APC 分析的潜力，还具有应用于类似的在社会学中存在的结构欠识别等问题的潜力。”

或许仅有两个自变量的情况最容易让我们看清这种方法的逻辑。想象一下，研究人员想要测量年龄对同性婚姻支持的影响。她在 2013 年进行的调查中收集了 21 ~ 60 岁受试者的数据，并对数据进行线性编码。研究人员很老练地认识到这一现象可能与年龄有关，但每个年龄同样代表着不同的队列。换言之，她用了两个自变量来解释支持同性婚姻的年龄分布情况，即年龄和队列。她知道这个模型是不可识别的，因为时期 - 年龄 = 队列，并且在这种横截面研究中，时期是固定不变的。她决定使用约束回归，以便她能评估年龄和队列对同性婚姻支持的影响。

这里存在一个问题，因为年龄和队列系数的结果会因研究人员选择的约束条件的不同而不同。然而她知道，她可以使用 Moore – Penrose 广义逆，并且得到的解将具备一些很好的统计特性：最小范数解、方差最小、与零向量正交。实际上，她并未试图证明这种约束条件的合理性，因为已经存在了在这类情况下使用 Moore – Penrose 广义逆对此进行支持的文献。她使用中心化后的数据，使其分析的逻辑可以在二维解空间中以几何方式呈现。

图 3 –6 依据下列标准方程的数据绘出，这些标准方程可通过调查员收集的年龄、队列和同性婚姻支持数据计算得出：

$$\underset{X'X}{\begin{bmatrix} 1050 & -1050 \\ -1050 & 1050 \end{bmatrix}} \underset{b}{\begin{bmatrix} b_a \\ b_k \end{bmatrix}} = \underset{X'y}{\begin{bmatrix} -2100 \\ 2100 \end{bmatrix}} \tag{3-20}$$

很显然，这个 $X'X$ 矩阵表明自变量之间存在线性依赖关系：第一列可由 –1 与第二列相乘所得，且第二行可由 –1 与第一行相乘所得。$X'X$ 矩阵必定具有这种对称结构，因为年龄和队列完全负相关且具有相同的方差。$X'y$ 中的两个项必须数值相同但符号相反，因为年龄位于 X' 的第一行，且与 y 列相乘，我们认为这个点积为负，即我们认为年龄与同性婚姻支持呈负相关。线性依赖性使得 $X'y$ 年龄和队列两列互为相反数（记住这些变量在分析中被中心化了）。每个标准方程均代表一个直线方程。图 3 –6 描述了这种关系。由于存在线性依赖关系，两条直线彼此重合，一条直线在另一条直线上。这两条直线并未相交于唯一点，因而不存在唯一解。注意到队列效应为 0 时，b_a 必定为 –2，由此我们可以画出解集线。也就是说，这条直线和年龄轴相交于 –2，即（–2，0）这一点。当年龄为零时，为了使标准方程存在正确解，b_k 必须为 2，这条解集线和队列轴交于 2，即（0，2）这一点。零向量是（1，1）（由标量乘积唯一确定），它必定经过原点（0，0），注意在图 3 –6 中，它和解集线平行。

如图 3 –6 所示，由 Moore – Penrose 广义逆求出来的解和零向量垂直，即 $(-1.00, 1.00)(1, 1)' = 0$。任何解向量从原点到这条解集线上的距离都是最小的，相应的，它具有最小方差特性。研究人员不必用理论或实际知识来设定这种"机械约束"。我们也可以用主成分回归法得到这个解，这也是最大熵解。

然而，必须提出以下问题：尽管这个基于 Moore-Penrose 广义逆求得的解具

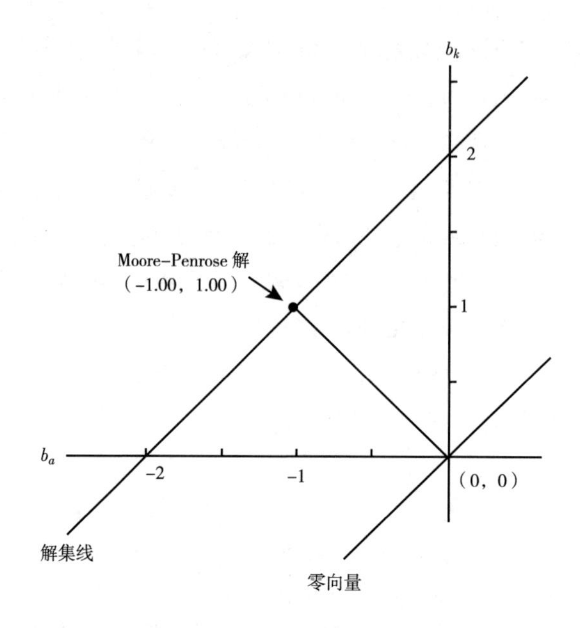

图 3－6 在二维解空间中秩亏为 1 问题的 Moore-Penrose 解

有这些特性，我们是否有理由相信年龄对同性婚姻支持的影响与队列对同性婚姻支持的影响大小相同，但符号相反？对在这个实际领域中的研究人员而言，问题在于这种机械解是否能够妥善解决这一实际问题。在此背景下，其能否解答与年龄、队列对同性婚姻支持的相对重要性有关的问题？由于解集线上的任意一点均会得出相同的同性婚姻支持输出值（预测值），模型拟合度无法在不同解之间进行裁决。在最明显的形式中，利用 Moore－Penrose 约束条件可得出方程 $x + y = 10$ 的一个解，即 x 和 y 都等于 5。尽管这个答案具备一些很好的统计特性，但就自然如何产生这一结果值而言，我们应该对这个答案正确无误又持有多少信心呢（如果这是真实问题的话）？

在 APC 背景下，我们有时候会给出以下建议：如果将年龄、时期、队列的其中之一添加到模型中并不能显著增加模型的拟合度，则应使用没有该因素的模型。这个例子清楚地表明了这种策略的问题。由于年龄和队列呈线性依赖关系，且为线性编码，所以年龄和队列能够独立解释的方差与同时采用年龄和队列时能够解释的方差相等。也就是说，将其中一个添加到含有另一个的模型中并不能提高模型的拟合度。如果我们把队列排除在模型之外，以年龄作为自变量进行双变量回归，那么年龄系数为－2；如果我们在模型中舍去年龄，仅回归队列对同性婚姻支持的影响，那么队列系数为 2。这种策略的问题在于，没有模型中舍去的因素，其他因素会获得该因素可能具有的所有线性效应，这一效应可能会很大。笔者会在后面的章节中详细说明这个问题。

3.11 讨论

有一种观点认为，人类是视觉生物，即便是在推理之时也是如此："眼见为实"，"哦，我看到它的原理了"。理解 APC 模型的几何原理可以让我们了解代数的作用，并拓宽我们的视野。将无法求解 APC 模型与能够求解 APC 模型的无数个解可视化可以加深我们对识别问题的理解。此外，我们还可以了解如何利用约束估计对识别不足进行"补救"（改变剩余超平面的方向，以便其与解集线相交于唯一点）。它能让我们更加清楚地理解解与其约束条件垂直的意义（不仅是点积为零，而且从几何角度看确实相互垂直）。

几何视角能让我们理解 sv 含义的另一层意义，即连接解集线上所有约束解。它决定了解集线上解与解之间的距离，即 $|s|\|v\|$ 。几何视角能让我们更直观地看到解向量从原点到解集线的距离，并使这些解彼此之间的关系更加可视化。其为以下论点提供了理论基础，即垂直解可能是"最具代表性"的解。它增进了我们对约束估计量的理解，并为评估和比较约束估计提供了另一种工具。

在下一章中，笔者将利用所有最优拟合解均位于多维空间中的一条直线上这一点来推导一系列可估函数。这些函数对所有约束解均相同，因此对生成结果数据的参数也都一样。这些函数包括年龄、时期和队列效应与各自线性趋势的偏差，以及年龄、时期和队列效应的二阶差分的可估函数。此外，我们还能根据解集线推导出其他一些可估函数，下文将详细讲述这些推导方法。

附录 3.1

这一章主要处理了 m 个自变量和 m 个标准方程（为便于表述，笔者假设变量均为偏差分数的形式）。但如果数据以原始分数的形式表示，且向 X 矩阵中增加一列，那么这就变成另一个参数估计了，并且会使解空间新增一个维度。比如，如果有三个自变量，则 X 矩阵将有四列，且 $X'Xb = X'y$ 将为含有四个标准方程的方程组。

笔者提出以下5点，它们或许有助于大家思考 m 维空间中的超平面是如何“作用”的。在标准方程中：

1. 有 m 个方程（超平面）和一个 m 维解空间。

2. 每个标准方程都代表一个（$m-1$）维超平面。

3. 当两个线性独立的（$m-1$）维超平面相交时，其交点会产生一个（$m-2$）维超平面（可以想象为一个三维空间，在其中，每个标准方程都代表一个平面［一个（3-1）维超平面］，而这两个平面相交，其交点便构成一条直线［一个（3-2）维超平面］）。

4. 一个（$m-p$）维超平面和一个（$m-1$）维超平面的交点构成一个（$m-(p+1)$）维超平面。因此，在存在三个中心化自变量且不存在线性依赖性的情况下，前两个平面相交于一个（3-2）维超平面，而这个超平面与剩余超平面相交于一点。该交点构成（3-（2+1））维超平面或零维超平面，这是一个点。

5. 在传统的APC模型中，（$m-1$）个方程是线性独立的。因此，$m-1$ 个（$m-1$）维超平面相交，形成一个 $m-(m-1)$ 维超平面，也就是一维超平面：解集线。最后的剩余超平面并未与这条解集线相交于某一点，因为这条解集线就在剩余的（$m-1$）维超平面上。这就是必须约束这个超平面的方向的原因所在——使其与解集线相交于某一点。

参考文献

Blalock, H. M. Jr. 1967. Status inconsistency, social mobility, status integration and structural effects. *American Sociological Review* 32: 790-801.

Box, J. F. 1978. *R. A. Fisher, the Life of a Scientist.* New York: Wiley.

Browning, M., I. Crawford, and M. Knoef. 2012. The age period cohort problem: Set identification and point identification. http://www.economics.ox.ac.uk/members/ian.crawford/papers/apc.pdf.

Cohen, J., P. Cohen, S. G. West, and L. S. Aiken. 2003. *Applied Multiple Regression/Correlation Analysis in the Behavioral Sciences* (3rd edition). Mahwah, NJ: Erlbaum.

Duncan, O. D. 1966. Methodological issues in the analysis of social mobility. In *Social Structure and Mobility in Economic Development*, eds. N. J. Smelser and S. M. Lipset, 51-97. Chicago:

Aldine.

Fox, J. 2008. *Applied Regression Analysis and Generalized Linear Models* (2nd edition) . Thousand Oaks, CA: Sage.

Frost, W. H. 1939. The age selection of mortality from tuberculosis in successive decades. *American Journal of Hygiene* 30: 91 – 96. Reprinted in the *American Journal of Epidemiology*, 1995, 141 – 9.

Fu, W. J. 2000. Ridge estimator in singular design with applications to age – period – cohort analysis of disease rates. *Communications in Statistics – Theory and Method* 29: 263 – 78.

Kendall, M. G. 1961. *A Course in the Geometry of n Dimensions*. London: Charles Griffin & Company.

Kupper, L. L. , J. M. Janis, I. A. Salama, C. N. Yoshizawa, and B. G. Greenberg. 1983. Age – period – cohort analysis: An illustration of the problems in assessing interaction in one observation per cell data. *Communications in Statistics* 12: 2779 – 807.

Mazumdar, S. , C. C. Li, and G. R. Bryce. 1980. Correspondence between a linear restriction and a generalized inverse in linear model analysis. *The American Statistician*34: 103 – 5.

O'Brien, R. M. 2012. Visualizing rank deficient models: A row equation geometry of rank deficient matrices and constrained regression. *PLoS ONE* 7 (6): e38923doi: 10. 1371/journal. pone. 0038923.

Press, W. H. , S. A. Teukolsky, W. T. Vetterling, and B. P. Flannery. 1992. *Numerical Recipes in C: The Art of Scientific Computing*. New York: Cambridge University Press.

Rodgers, W. L. 1982. Estimable functions of age, period, and cohort effects. *American Sociological Review* 47: 774 – 87.

Smith, H. L. 2004. Response: Cohort analysis redux. *Sociological Methodology* 34: 111 – 9.

Strang, G. 1998. *Introduction to Linear Algebra* (2nd edition) . Wellesley, MA: Wellesley – Cambridge Press.

Yang, Y. , W. J. Fu, and K. C. Land. 2004. A methodological comparison of age – period – cohort models: Intrinsic estimator and conventional generalized linear models. In *Sociological Methodology*, ed. R. M. Stolzenberg, 75 – 110. Oxford: Basil Blackwell.

Yang, Y. , S. Schulhofer – Wohl, W. J. Fu, and K. C. Land. 2008. The intrinsic estimator for age – period – cohort analysis: What it is and how to use it. *American Journal of Sociology* 113: 1697 – 736.

可估函数法*

如今我们透过玻璃观看，模糊不清……

I Corinthians 13：12

4.1 引言

《圣经》开篇引文的第一部分特别适合本章。从前面的章节可以清楚地看出，我们不可能通过某种机械的方式得到能生成结果值的年龄、时期和队列参数的无偏估计，即使这些生成参数在使用 APC 模型的实际领域中十分引人关注。[①] 对于个体年龄、时期和队列系数，有无数个可以同等地拟合数据的估计值，因此，我们不能使用基于数据的估计系数的似然值来确定最可能的生成参数。尽管有这个限制，笔者仍然检验并扩展了一种方法，该方法提供了年龄、时期和队列与结果值之间关系的局部视图。这些估计值是潜在数据生成参数的线性组合的无偏估计。

该局部视图包括以下可估函数，例如，二阶差分（差分的差分）：［（age3 -

---

* 本章部分内容基于 O'Brien（2014）。

① 在所有回归模型中，获得生成参数无偏估计的能力都取决于模型设定的正确性。在本章中，我们假设全部的年龄、时期和队列效应设定正确。只有在生成参数的约束条件设定正确的情况下，研究者才可以利用约束回归来获得这些效应的无偏估计。在约束回归中，约束条件的正确设定是正确设定 APC 全模型所需要满足的一个额外假设。正确设定这一约束条件对于可估函数的无偏估计并不是必需的。

age2） - （age2 - age1）]、时期系数与其线性趋势之间的偏差、通过最小二乘法和广义线性模型预测的结果变量的值。这些可估函数是可识别的，它们提供了独立于所用约束条件的唯一估计值。APC 分析中有大量关于可估函数的文献（例如：Clayton and Schifflers，1987；Holford，1983，1985，1991，2005；Kupper，Janis，Karmous，and Greenberg，1985；O'Brien，2014；O'Brien and Stockard，2009；Robertson，Gandini，and Boyle，1999；Rodgers，1982；Tarone and Chu，1996）。

本章展示了可估函数在 APC 中的工作原理，并提供了推导这类函数的统一方法。为实现这一点，笔者使用了前面章节中推导出的一些重要关系（零向量、解集线、生成参数、约束解）。所依赖的基本关系是恰好识别 APC 模型的最优拟合解都位于多维空间中的一条直线上（ $b_c^0 = b_{c1}^0 + sv$ ）。可估函数是这条直线上的解的线性组合，并且这些线性组合不随用于求解方程的约束条件的变化而变化。由于生成结果数据的未知参数的估计值都位于这条解集线上，因此可估函数是这些参数相同线性组合的无偏估计。

当使用解集线来推导可估函数时，零向量在其中发挥着重要的作用，因此笔者简要回顾了零向量的模式。零向量元素存在顺序性，这使得对应于截距的元素首先出现，然后是年龄系数、时期系数和队列系数的元素。为了表达清楚，我们将这些系数组用分号隔开。一个 5×5 年龄 - 时期表的效应编码变量的零向量为 v = （0； -2，-1，0，1；2，1，0，-1；-4，-3，-2，-1，0，1，2，3）[①]。

注意零向量的有趣形式：年龄组零向量元素的编码由从最年轻到最老年龄组的递增线性趋势所组成，时期元素编码的趋势则与此相反，而队列元素的趋势与年龄组同向。由于零向量是唯一的，仅取决于与标量的乘积，所以我们可以将零向量乘以一个负数来改变这些趋势的方向。在任意一种情况下，年龄和队列元素的趋势都是同向的，而时期元素趋势的方向则与其相反。这些基本关系在几个重要可估函数的推导中发挥着作用。笔者从一个可估函数的经典定义开始。

4.2 可估函数

Searle（1971：180）提供了一个关于可估函数的经典论述。他将一个可估函数定义为“基本上……一个关于参数（β，生成参数）的线性函数，其中参数可

① 参照组没有零向量元素（其中有最老的年龄组、最晚近的时期和最晚近的队列）。

以从 b^0（我们的 b_c^0）中找到，而 b^0 对任何标准方程的解都是不变的”。也就是说，对 APC 模型而言，生成结果值的参数的线性组合可以从任何一个约束解的同一线性组合中找到（无偏）估计。Searle（1971：162）对可估函数的价值进行了非常有力的评估：“对于标准方程获得的任何解，它们都具有不变的属性。由于这种不变属性，就线性模型的参数估计而言，它们是唯一值得关注的函数。”① 笔者可能不会认为它们是唯一值得关注的函数，但是 Searle 的观点也并非毫无价值。Searle（p. 185）为这些解的线性组合 $q'b_c^0$ 提供了成为可估函数的充要条件。他将 H 定义为 $GX'X$，其中 G 是恰好可识别的广义逆：$q'b_c^0$ 作为一个可估函数的要求是 $q'H = q'$。

比如，我们后来指出，一些二阶差分（差分的差分）是可估的［例如（age3－age2）－（age2－age1）］。在这种情况下，如果 X 中列的顺序是截距、年龄组、时期和队列，则 $q' = (0, +1, -2, +1, 0, 0, \cdots, 0)$。$q'b_c^0$（解向量中这些年龄系数的二阶差分）成为可估函数的充要条件是 $q'GX'X = q'$。注意，q' 是一个向量，将其应用于解向量时，会在解向量中产生元素的简单线性组合：潜在的可估函数。G 是一个恰好可识别的广义逆。虽然 Searle 的推导使用了普通最小二乘法，但他的方法和本文使用的方法对于普通最小二乘法（OLS）和广义线性模型同样有效。②

有一些不太常规的方式，如通过其特征来识别可估函数。Holford（1985：833）指出：“数据分析师可能会通过设置约束条件而做出任意的选择，但这些函数不受其影响且对所有约束条件均相同。”这些线性组合对于生成参数来说相同的地方在于，是什么使它们有用，它们告诉我们如何根据 APC 设定来“自然地产生结果数据”。

---

① 术语“可估的”有时用于表示可以在约束条件下获得无偏估计。Mason、Mason、Winsborough 和 Poole（1973：248）指出：“年龄、队列和时期效应在假定两个系数在三个维度之一内相等的情况下是可估的。”这与本章所讨论的可估函数是不同的，即无论使用哪种约束条件，这些可估函数都是相同的。约束回归中的可估系数在使用不同约束条件时并不完全相同。

② 虽然约束估计量将个体年龄、时期和队列效应视作约束条件下的可估函数，但这些估计值会依据不同的约束条件而变化，且个体系数集合不符合 Searle（1971）的可估性标准。例如，使用一个 5×5 年龄－时期表的约束估计和 $q = (0, 1, 0, \cdots, 0)$ 来检查 age1 的可估性，我们发现不符合标准：$q'H \neq q'$。age1 的效应是不可估的。当 $q = (0, 0, 0, 1, 0, \cdots, 0)$ 时，则 $q'H = q'$ 表示在一个 5×5 年龄－时期表中，age3 效应是可估的。本章稍后将讨论这些个体系数的可估性。

在已发表的APC文献中，证明某一特定函数是可估的方法涵盖了从与路径分析（Jagodzinski，1984）类似的简单代数到基于矩阵代数的证明（Holford，1983）等一系列方法，其中也包含了其他一些方法（Clayton and Schifflers，1987；Rodgers，1982；Tarone and Chu，1996）。本章介绍了一种方法，可以推导出文献中出现的可估函数，并且可以用来推导出新的可估函数（O'Brien，2012）。该方法可以用于不同编码下的 X 矩阵（例如，效应编码或虚拟变量编码），但笔者将用效应编码对该方法进行论证。

4.3 在年龄-时期-队列（APC）模型中用 $l'sv$ 法建立可估函数

这种方法的关键在于，在秩亏为1的情况下，任何最小二乘和广义线性模型解都位于 m 维解空间中的一条直线上，这条直线的向量方程为 $b_c^0 = b_{c1}^0 + sv$。事实上，这就是我们所知道的APC模型的解，它包含所有年龄、时期和队列系数。

可估函数是位于该直线上解的特定线性组合。并非所有的线性组合都是可估函数，但它们的一个特征是在约束解中保持不变，并且它们不仅适用于所有约束解，还适用于该直线上的生成参数。$l'sv$ 法依赖于以下事实：位于解集线 $b_c^0 = b_{c1}^0 + sv$ 上的解会随着 sv 的不同而不同。更正式地说，取 $b_c^0 = b_{c1}^0 + sv$ 两边的线性组合（l）得到（$l'b_c^0 = l'b_{c1}^0 + l'sv$）。这是一组三点积，问题是 $l'b_c^0$ 和 $l'b_{c1}^0$ 的解的线性组合对于所有的 s 值是否相等。当且仅当 s 的所有值的线性组合 $l'sv = 0$ 时这种情况才成立。如果满足这个标准，那么位于解集线上的所有约束解的线性组合肯定相同。当我们应用这个标准时，有时我们会利用这样一个事实：因为 s 是一个标量，如果 $l'v = 0$，那么对于所有的 s 值，均有 $l'sv = 0$。

根据时间顺序，这个标准是由Kupper等（1985）在他们一篇文章的附录（附录B）中提出的。他们对 $b_c^0 = b_{c1}^0 + sv$ 的推导与第2章中提出的方法完全不同，他们仅提供了一个无法估计线性组合的示例，并且注意到使用二次效应和高阶效应的正交多项式系数在此标准中是可估函数。他们的方法得到了Holford（1985：833）以下并不乐观的评论："有几种显示可估性的方法，Rodgers（1982）和Holford（1983）已经讨论过这一点。在附录B中，Kupper等（1985）也提出了一种测试可估性的方法。然而，他们声称自己的方法更为简单，这一点是存在争议的。"

在本章中，笔者采纳并扩展了 $l'sv$ 法。笔者认为这种方法是把许多作者已经推导出的 APC 模型中越来越多已知可估函数进行统一的关键。使用该方法时，研究者必须严格遵循 $l'sv = 0$ 的标准，这是可估系数的特定线性组合。如果这种特定的线性组合没有意义或没有帮助，那么它就没有多大用处。例如，通过对截距、年龄、时期和队列系数进行排序，我们可以发现，在 5×5 年龄 - 时期表中 age1 系数是不可估的，因为 $l' = (0, 1, 0, 0, \cdots, 0)$ 乘以零向量 $(0, -2, -1, 0, 1, 2, 1, \cdots, 3)$ 的点积为 -2。另一个有意义和潜在有用的函数是年龄系数的二阶差分：(age3 - age2) - (age2 - age 1) 或 (age1 - 2 × age2 + age3)。在这种情况下，用于检查可估性的恰当线性组合是 $(0, 1, -2, 1, 0, 0, \cdots, 0) \times (0, -2, -1, 0, 1, 2, \cdots, 3)'$ 的点积，其值为零。二阶差分是一个可估函数，它对于所有约束解和生成结果数据的参数都相同。

另一方面，有一些可能不是特别有意义或有帮助的可估函数。例如，在一个 5×5 年龄 - 时期矩阵中，age1 加 period1 的效应是可估的。这里，$l' = (0, 1, 0, 0, 0, 1, 0, \cdots, 0)$，当其乘以零向量时等于零（它也符合 Searle 的标准）。这对于所有约束解来说都是一样的，但是这个特别的可估函数在大多数情况下对研究者来说可能毫无用处。

在这种情况下，我们将内源估计（IE）作为可估函数。Yang 及其合作者（2004，2008，2013）指出，IE 是使用 Kupper 等（1985）提出的标准的可估函数。他们使用 $l' = (I - \beta_0 \beta'_0)$，其中 β_0 是赋范零向量，并且 $l'v = 0$，其中 0 代表零向量。请注意，$(I - \beta_0 \beta'_0)$ 是矩阵，而不是 Kupper 等指定的向量，而 0 代表零向量。我们仍然可以通过将其每一行乘以零向量的方式来测试 $(I - \beta_0 \beta'_0)$ 的每一行是不是可估函数。我们发现 $(I - \beta_0 \beta'_0)$ 的每一行乘以零向量都等于零，每一行都是可估的 IE 解向量的线性组合。如果由这些行各自产生的线性组合能够估计出不同的年龄、时期和队列系数，这将从根本上解决 APC 识别问题，但是它们没能做到。事实上，这些行产生的大部分可估函数并不是非常有用的线性组合。使用 5×5 年龄 - 时期矩阵构造 $(I - \beta_0 \beta'_0)$ 时，我们发现 $(I - \beta_0 \beta'_0)$ 的第一行乘以零向量会产生有意义的线性组合，因为 1 后面全是零，并可以确定截距是可估的（因为它用于所有使用效应编码的约束估计量）。然而，第二行是（0.000，0.929，-0.036，0.000，0.036，0.071，0.036，0.000，-0.036，-0.143，-0.107，-0.071，-0.036，0.000，0.036，0.071，0.107），即 0 乘以截距加上 0.929 乘以 age1 效应减去 0.036 乘以 age2 效应，以此类推。无论使用哪种约束估计量，这些年龄、时期和队列效应的线性组合都是相同的。关键问题在于，这种效应估计的线性组合作为 age1 效应的估计是否有意义。整个（$I-\beta_0\beta'_0$）矩阵如附录 4.1 中的表 A4.1.1 所示，从这个表的各行中推导出的大多数可估函数都不太可能是非常有意义或有用的线性组合。当我们解释 IE 中的系数时，我们必须记住，诸如 age1 系数等系数不是 age1 的可估函数，而是效应系数的一些其他线性组合。Kupper 等（1985）用他们的标准证明（0，1，0，0，…，0）不是一个可估函数（使用 Searle 的标准也会得出相同结果）。实际上，IE 中的 age1 系数不是 age1 的可估函数，而是代表了如上所示的完全不同的可估函数。[①] 除了在某些特殊情况下，某些特定系数是可估的（如稍后将呈现的）之外，个体年龄、时期和队列系数是不可估的。

根据笔者的判断，如果向量的各个元素并不都是与解向量的元素相对应的可估函数，那么将 IE 这样的解向量标记为可估函数会令人困惑不解。一般而言，线性组合是解向量线性组合的可估函数。例如，二阶差分是可估的，age1 系数是不可估的。而 Yang 及其合作者（2004，2008，2013）测试了一组线性组合，发现这些线性组合都是可估函数，于是他们将 IE 解向量标记为可估函数。问题是研究者可能会认为，与 IE 解相关联的各个系数都是可估的。例如，IE 解中的 age1 系数是对生成结果数据的参数的 age1 效应的无偏估计。$l'sv$ 程序的一个优势在于，通过每次测试一个线性组合，研究者的注意力将会集中在什么函数是可估的这个问题上。

4.4 利用 $l'sv$ 法推导可估函数的一些示例

4.4.1 效应系数

APC 多分类模型中的一些个体效应系数是可估的。要牢记，sv 区分了解集线上的各种解（OLS 和广义线性模型的最优拟合解）。笔者检查了对应于每个效应系数的个体零向量条目。如果零向量条目为零，则对于任何约束解，对应于该零向量条目的参数估计值在所有解中均保持不变，包括生成结果值的解。假设 v_i 表

① 由各行代表的其他“有意义的”可估函数是那些年龄为 3、时期为 3、队列为 5 的系数。这些系数（以及截距）的效应在使用任何恰好可识别的约束条件时都是可估的。例如，它们对于 IE 约束条件和 age1 = age2 约束条件是相同的。

示零向量的第 i 个元素，b_i 表示解向量的第 i 个元素，那么如果 $v_i = 0$，则无论 s 的值是多少，都有 $b_i + sv_i = b_i$。使用效应编码时，截距总是可估的，如果存在与该因素相关的奇数类别，则年龄、时期和队列的中间参数是可估的。这些可估函数由 Jagodzinski（1984）提出，但推导方法不同。

为了具体说明，表 4 - 1 提供了三种情况下的零向量：5 ×5 年龄 - 时期矩阵、4 ×4 年龄 - 时期矩阵和 4 ×5 年龄 - 时期矩阵。零向量元素是常规字体，“扩展零向量”元素是斜体。扩展零向量元素表示参照类别，并且是考虑到其他零向量元素的隐含扩展，它们可用于扩展所推导出的可估函数的范围。① 考察 5 ×5 年龄 - 时期情况下的零向量元素，其截距、age3、period3 和 cohort5 系数都是可估的。这些可估函数并不是很有用，它们与使用虚拟变量编码时的可估系数相似。在此情况下，参照类别是可估的，因为它们的编码方式使它们能在任何约束条件下生成零解。

4.4.2 二阶差分

二阶差分可用于显示年龄系数、时期系数和队列系数变化率的增减情况，这些二阶差分是可估的。这里笔者不会简单略过，例如，如果 $l'v = 0$，对于所有 s 值，都有 $l'sv = 0$，而是“明确处理 s 值”。这样做的原因在于，在遇到一些推导方法之前，先介绍这种方法，从概念上讲，这种方法在推导过程中是最容易使用的。

表 4 - 1　三个不同年龄 - 时期表的零向量和扩展零向量

效应系数	年龄 - 时期表的规模		
	5 ×5 零向量	4 ×4 零向量	4 ×5 零向量
截距	0	0	0
年龄 1	-2	-1.5	-1.5
年龄 2	-1	-0.5	-0.5
年龄 3	0	0.5	0.5
年龄 4	1	*1.5*	*1.5*

① 这些元素是 X 矩阵的零向量元素，其包含所有自变量的列——不排除参照类别列的 X 矩阵。如果这个矩阵被标记为 X^*，扩展零向量为 v^*，则 $X^* v^* = 0$。这就是为什么（如下文所示）扩展零向量在与参照类别相关的系数中“起作用”。

续表

效应系数	年龄-时期表的规模		
	5×5 零向量	4×4 零向量	4×5 零向量
年龄 5	*2*		
时期 1	2	1.5	2
时期 2	1	0.5	1
时期 3	0	-0.5	0
时期 4	-1	*-1.5*	-1
时期 5	*-2*		*-2*
队列 1	-4	-3	-3.5
队列 2	-3	-2	-2.5
队列 3	-2	-1	-1.5
队列 4	-1	0	-0.5
队列 5	0	1	0.5
队列 6	1	2	1.5
队列 7	2	*3*	2.5
队列 8	3		*3.5*
队列 9	*4*		

注：扩展零向量元素用斜体表示。

假设 v_{ia} 表示对应于年龄效应 a_i（$i=1$ 至 I）的扩展零向量元素。注意，年龄元素的扩展零向量的编码是线性等间距的（被编码为定距变量）。因此，年龄效应的二阶差分不受 APC 模型求解所使用的约束条件的影响。考虑前三个年龄效应，我们可以写出原始解的年龄系数的二阶差分，即 $(a_3-a_2)-(a_2-a_1)=a_1-2a_2+a_3$。接下来考虑解集线上的一个带有标量值 s 的不同的解。这个新解的二阶差分为 $[(a_3+sv_{3a})-(a_2+sv_{2a})]-[(a_2+sv_{2a})-(a_1+sv_{1a})]=(a_1+sv_{1a})-2(a_2+sv_{2a})+(a_3+sv_{3a})=a_1-2a_2+a_3+(sv_{1a}-2sv_{2a}+sv_{3a})$，其中 v_{ia} 是零向量的第 i 个年龄元素。由于 v_{ia} 被编码为线性等间距变量，即 $(sv_{1a}-2sv_{2a}+sv_{3a})=0$，因此任何新解的二阶差分均为 $(a_1-2a_2+a_3)$，这与原始解的二阶差分相同。具体而言，考虑到零向量元素之间的等间隔，sv_{ia} 的前三个年龄元素的值可能是 $sv_{1a}=8, sv_{2a}=6, sv_{3a}=4$，那么原始解和新解的差值则为 $+8-(2\times6)+4=0$。

要归纳此结果，需要把 a 的符号更改为 a_i、a_{i+1} 和 a_{i+2}，v 改为 v_{ia}、$v_{(i+1)a}$ 和 $v_{(i+2)a}$，并继续执行上述步骤。我们只能计算出 $I-2$ 个年龄系数的二阶差分。用同样的方法，从 $j = 1$ 到 $J - 2$ 的时期的二阶差分（$p_{j+2} - p_{j+1}$）-（$p_{j+1} - p_j$）有 $J - 2$ 个可估的二阶差分，从 $k = 1$ 到 $K - 2$ 的队列的二阶差分（$c_{k+2} - c_{k+1}$）-（$c_{k+1} - c_k$）有 $K - 2$ 个可估的二阶差分。

4.4.3 斜率间的关系

通过集中关注 sv，我们可以了解到基于不同解的年龄、时期和队列系数的斜率之间的关系。① 注意，在表 4 - 1 中，v_{ia} 在连续的 v_{ia} 之间呈等间距线性增加状态；v_{jp} 在 v_{jp} 的值之间呈等间距线性减小状态，并且那些间距的绝对值与 v_{ia} 的间距的绝对值相同；v_{kc} 在它们的值之间呈等间距线性增加状态，并且其间距的绝对值与 v_{ia} 和 v_{jp} 的间距的绝对值相同。② 为了将原始解的年龄系数、时期系数和队列系数的斜率与新解的系数的斜率进行比较，笔者将原始解向量的斜率与增加了 sv 的原始解向量的斜率进行比较。

在每个 a_i 系数中加入 sv_{ia} 的效应旨在通过 $s(v_{2a} - v_{1a})$ 来改变年龄的斜率。将 sv_{jp} 加到每个 p_j 系数和将 sv_{kc} 加到每个 c_k 系数的效果同样如此。也就是说，它通过 $s(v_{2p} - v_{1p})$ 来改变时期斜率，通过 $s(v_{2c} - v_{1c})$ 来改变队列斜率。③ 对于表 4 - 1 中的编码，如果 s 为正值，年龄成分的斜率会增加 s，时期的斜率会减少 s，且队列斜率会增加 s。之所以会出现这种直观的结果，是因为年龄零向量元素、时期零向量元素和队列零向量元素的相邻值的间距均为 1。但就斜率间的关系而言，如果零向量元素相邻值的间距全部为 4、1、2 或者说其他一些数字，则无关紧要。s 值将会改变以抵消零向量元素中的乘法变化。在任何情况下，年龄和时期的斜率都会以相同的数量变化，但时期和队列的斜率会以相反的方向变化，而年龄和队列的斜率则以会相同的数量和相同的方向变化。

更正式地说，假设原始解的年龄系数趋势为 t_a，时期系数趋势为 t_p，队列系数趋势为 t_c。由于所有新解都在解集线上，它与原始解存在 sv 上的不同。具体来说，新解的斜率为 $t_a + s(v_{2a} - v_{1a})$、$t_p + s(v_{2p} - v_{1p})$ 以及 $t_c + s(v_{2c} - v_{1c})$。尽

---

① 这些斜率基于对年龄、时期和队列系数在时间上的回归。例如，我们可以通过在整数 1、2……I 上回归 a_i（年龄系数）来找到年龄系数的斜率。

② 零向量是由标量乘积唯一确定的。如果标量是负数，斜率的方向将会改变。笔者会涉及年龄和时期、时期和队列相反的增减迹象，以及年龄和队列相同的增减迹象。

③ 笔者写成 $s(v_{2a} - v_{1a})$ 而不是 $s(v_{(i+1)a} - v_{ia})$，因为所有这些间距相等且符号相同；这在时期和队列中也同样适用。使用符号 $s(v_{2a} - v_{1a})$ 似乎更简单易懂。

管零向量元素是由标量乘积唯一确定的，但年龄、时期和队列零向量元素之间距离的绝对值均相等，即 $|v_{2a}-v_{1a}|=|v_{2p}-v_{1p}|=|v_{2c}-v_{1c}|$。年龄和队列差值的符号总是相同的，而年龄和时期、时期和队列差值的符号总是相反的。

这些可估函数的斜率之间遵循这些关系：年龄和时期趋势的总和是可估的，无论约束条件是什么，总和均相同。需要注意的是，$(v_{2a}-v_{1a})$ 和 $(v_{2p}-v_{1p})$ 符号相反，但绝对值相同，因此有 $s(v_{2a}-v_{1a})+s(v_{2p}-v_{1p})=0$，所以 $t_a+t_p=[t_a+s(v_{2a}-v_{1a})]+[t_p+s(v_{2p}-v_{1p})]$。用相同的方法，我们可以证明 t_p+t_c 是可估的：由于 $s(v_{2p}-v_{1p})+s(v_{2c}-v_{1c})=0$，所以 $t_p+t_c=[t_p+s(v_{2p}-v_{1p})]+[t_c+s(v_{2c}-v_{1c})]$。对于以相同方向趋势（年龄和队列）编码的零向量元素的两组值来说，t_a-t_c 是可估函数：由于 $(v_{2a}-v_{1a})-(v_{2c}-v_{1c})=0$，所以 $t_a-t_c=[t_a+s(v_{2a}-v_{1a})]-[t_c+s(v_{2c}-v_{1c})]$。尽管推导方式不同，但年龄、时期和队列的斜率变化之间的关系与 Rodgers（1982）所指出的关系相同。

本节的结果使我们可以推导出年龄、时期和队列的斜率之间的关系。如果我们将等价于一个常数的任意约束解的趋势之和的关系写为 $t_a+t_p=k_1$、$t_p+t_c=k_2$，且 $t_a-t_c=k_3$，我们可以看到 $(t_a+t_p)-(t_p+t_c)=t_a-t_c=k_1-k_2=k_3$。这里使用可估函数的线性组合来推导可估函数，无论使用哪种恰好可识别的约束条件，总和与趋势差异之间的这些关系总会产生相同的值。

Holford（1985：834）表示，斜率之间可估关系的一般形式（用笔者的表示法）为 $d_1t_a+d_2t_p+(d_2-d_1)t_c$。在 $l'sv$ 法和本节的方法中，这种关系适用于所有约束解。对于原始解我们可以写成 $d_1t_a+d_2t_p+(d_2-d_1)t_c$，对于新解我们可以写成 $d_1[t_a+s(v_{2a}-v_{1a})]+d_2[t_p+s(v_{2p}-v_{1p})]+(d_2-d_1)[t_c+s(v_{2c}-v_{1c})]$，然后 $d_1t_a+d_2t_p+(d_2-d_1)t_c+[d_1s(v_{2a}-v_{1a})+d_2s(v_{2p}-v_{1p})+d_2s(v_{2c}-v_{1c})-d_1s(v_{2c}-v_{1c})]$。需要注意的是，$s(v_{2a}-v_{1a})$ 和 $s(v_{2c}-v_{1c})$ 的符号和大小均相同，而 $s(v_{2p}-v_{1p})$ 与前两者符号相反，大小相同。方括号中的项的总和为零，d_1 和 d_2 取任何值，情况都是如此。函数 $d_1t_a+d_2t_p+(d_2-d_1)t_c$ 是可估的，且对于任何恰好可识别的约束解和生成结果值的参数都是一样的。

4.4.4 因素内的斜率变化

Tarone 和 Chu（1996）已经证明，在年龄组内、时期内或队列内的斜率变化是可估的。例如，如果选择两组队列系数，第一组从 $k=1$ 到 d，第二组从 $d+1$

到 K，我们可以计算第一组（t_{c1}）和第二组（t_{c2}）的线性趋势。对于原始约束解，其斜率的变化为 $t_{c2}-t_{c1}$。从第一组队列到第二组队列的这些趋势变化对于任何约束解都是相同的。对于新解，第一组队列的趋势是 $t_{c1}+s(v_{2c}-v_{1c})$，第二组队列的趋势是 $t_{c2}+s(v_{2c}-v_{1c})$。由于 $s(v_{2c}-v_{1c})-s(v_{2c}-v_{1c})=0$，第二个解的斜率变化为 $t_{c2}-t_{c1}=[t_{c2}+s(v_{2c}-v_{1c})]-[t_{c1}+s(v_{2c}-v_{1c})]$。当然，无论 s 的值是多少，趋势的变化对于原始解和生成参数都是相同的。可以用相同的方法来证明，在任何约束解中，时期和年龄组内的趋势变化都是相同的。在 $l'sv$ 法中，斜率变化的可估性可以扩展到队列、时期或年龄组内的两个以上趋势中。我们还可以确定队列中的趋势是否比时期中的趋势变化大。

4.4.5 线性偏差

在 APC 模型中，线性成分是不可估的，年龄、时期和队列的非线性成分是可估的（O'Brien，2011a）。也就是说，年龄系数与年龄系数线性趋势的偏差、时期系数与时期系数线性趋势的偏差以及队列系数与队列系数线性趋势的偏差在不同的解中是不变的。[①] 同样，将原始解的年龄系数表示为 a_i，将与这些元素对应的扩展零向量的元素表示为 v_{ia}，将原始解的趋势表示为 t_a。通过效应编码，将年龄系数（时期系数和队列系数）的值进行中心化处理。为了根据趋势求出年龄效应系数的预测值，我们可以将趋势乘以中心化后的值（i_a），其中，在中心化之前，i 是整数向量，$i=1,2,\cdots,I$。基于原始年龄系数线性效应的年龄系数预测值为 $t_a\cdot i_a$，年龄效应的线性偏差为（$a_i-t_a\cdot i_a$）。

我们可以用 a_i+sv_{ia} 来表示年龄效应的另一个解。新的年龄系数的趋势为 $t_a+s(v_{2a}-v_{1a})$，而基于系数线性趋势的新的年龄系数的预测值为 $[t_a+s(v_{2a}-v_{1a})]\cdot i_a$。为了表明年龄效应的线性趋势偏差是可估的，请注意原始偏差为 $a_i-t_a\cdot i_a$，不同约束解的偏差为 $[a_i+sv_{ia}]-[(t_a+s(v_{2a}-v_{1a}))\cdot i_a]$。这个证明的关键在于 $sv_{ia}=s(v_{2a}-v_{1a})\cdot i_a$。[②] 因此，$a_i-t_a\cdot i_a=[a_i+sv_{ia}]-[(t_a$

① Holford（1983）证明了这些偏差是可估的，但他是通过重新编码 X 矩阵的变量来实现的。

② 例如，对于扩展零向量，在5×5的年龄-时期情况（表4-1）中，$v_{ia}=(-2,-1,0,1,2)$，$i_a=(-2,-1,0,1,2)$ 且 $v_{2a}-v_{1a}=1$，因此有 $sv_{ia}=s(v_{2a}-v_{1a})\cdot i_2$；时期的零向量元素为 $v_{jp}=(2,1,0,-1,-2)$，且 $i_p=(-2,-1,0,1,2)$，但 $v_{2p}-v_{1p}=-1$，因此有 $sv_{jp}=s(v_{2p}-v_{1p})\cdot i_p$。如果我们将零向量编码为表4-1中其编码的 -1/2 倍，则 v 的元素将会变为原来的一半，且其符号也会改变，并调整 s 以抵消这一变化。以上过程适用于这些改变。

$+s(v_{2a}-v_{1a}))\cdot i_a]$。可以使用相同的方法来证明 $p_j-t_p\cdot i_p$ 和 $c_k-t_c\cdot i_c$，即时期系数与时期系数线性趋势的偏差以及队列系数与队列系数线性趋势的偏差在不同解中是不变的。这些年龄、时期和队列的线性趋势的偏差是可估的。

4.4.6 *y* 的预测值

y 的预测值是可估的，它们在所有解中均相等，并且对于生成结果值的参数也相等。这就是为什么 APC 模型的拟合度对于秩亏为 1 的恰好可识别 APC 模型的所有约束条件都是相同的。APC 模型的预测方程告诉我们，年龄－时期表中每个单元的预测值都是截距加上该单元的年龄效应加上该单元的时期效应加上该单元的队列效应。

不管约束条件是什么，由于 v 的元素之间存在一个重要的关系，我们总会得到关于这个预测单元值的相同解。我们可以将该关系写成（$v_0+v_{ia}+v_{jp}+v_{kc}=0$），其中 v_0 表示截距，v_{ia} 表示第 i 个年龄组，v_{jp} 表示第 j 个时期，v_{kc} 表示第 k 个队列（$k=I-i+j$）。例如，最早时期中最老的年龄组对应于最早期队列。转到表 4－1 和 5×5 年龄－时期矩阵的零向量，我们发现 $v_0=0$；对于 age5，$v_{ia}=2$；对于 period1，$v_{jp}=2$；对于 cohort1，$v_{kc}=-4$，并且（$v_0+v_{ia}+v_{jp}+v_{kc}$）=（0+2+2－4）=0。对于表中的任何单元格，对应于截距的零向量元素加上对应于年龄效应的零向量元素加上对应于时期效应的零向量元素加上对应于队列效应的零向量元素均等于零。我们将年龄－时期表的第 ij 个单元的拟合值的原始解写为 $\hat{y}_{ij}=int+a_j+p_j+c_k$。解集线上的另一个不同的解可以写为 $\hat{y}_{ij}=(int+sv_0)+(a_i+sv_{ia})+(p_j+sv_{jp})+(c_k+sv_{kc})$。新解可以写为 $\hat{y}_{ij}=int+a_i+p_j+c_k+s(v_0+v_{ia}+v_{jp}+v_{kc})$。由于（$v_0+v_{ia}+v_{jp}+v_{kc}$）=0，新解等同于原始解：$\hat{y}_{ij}=int+a_j+p_j+c_k$。$y_{ij}$ 的估计值（$\hat{y}_{ij}$）是恒定不变且可估的。

4.5 对 $l'sv$ 法的评论

APC 模型中重要可估函数的推导分散在许多文献中，用于将这些函数建立为可估函数的方法不尽相同，从简单代数法到对 X 矩阵进行相当复杂的重新编码，以表明该函数符合 Searle（1971）的标准。本章概述的方法可用于推导所有可估函数，它为函数的可估性提供了一个充要条件。

对于本章推导出的可估函数，该标准对于一些可估函数的推导是简单直接的，例如 Jagodzinski（1984）提出的函数。在一个 5×5 年龄 - 时期表中，如果与零向量中的零元素相对应的年龄系数是第三个年龄组元素，且零向量元素的排列为（截距、年龄组、时期、队列），则（0，0，0，1，0，…，0）是恰当的线性组合（l'），且对于任意 s 值，都有 $l'sv=0$。另一个例子是确定 age1、age2 和 age3 的二阶差分是可估的（0，1，－2，1，0，…，0）。然而，即使是基于 $l'sv$ 标准，本章讨论的其他几个可估函数也难以放在一个数字向量中，然后乘以 sv 来确定点积是否为零。我们已经讲述了如何在更复杂的情况下使用 $l'sv$ 标准，例如年龄组、时期和队列的效应系数与年龄系数、时期系数和队列系数的线性趋势的偏差，或年龄组、时期或队列内部的趋势差异。

虽然前面已经展示了许多重要的可估函数，但我们还可以推导出其他可估函数。$I=J$ 时，a_i+p_j 的和在 $i=j$ 的解之间是不变的。在任何特定情况下，例如我们的 5×5 年龄 - 时期矩阵，我们可能会发现特殊的可估函数。例如，在 5×5 矩阵中，cohort2 的效应系数加上 period1 与 period2 之和的效应系数的值是固定不变的。通过检查表 4 - 1 中该 5×5 年龄 - 时期矩阵的零向量，我们可以很容易地看出这一点。由于零向量依赖于年龄 - 时期表的维度，所以当年龄 - 时期表的维度不同时，$l'sv$ 法可以很灵活地找到这种“特殊的”可估函数。如果想知道时期内的趋势变化是否大于队列内的趋势变化，那么可以使用本章概述的方法来证明该函数是可估的。

使用 $l'sv$ 法推导可估函数的一般方法不取决于自变量的编码方式。例如，在 APC 模型中另一种编码自变量的常用方法是虚拟变量编码。由于解都落在解集线上，当使用 sv 时，也要使用与虚拟变量编码的 X 矩阵相关联的零向量。①

4.6 有经验数据的可估函数

为了说明使用可估函数的方法，我们使用了 Samuel Preston 和 Haidong Wang（2006）最近一项研究中的数据。该研究重点关注 1948～2003 年男女寿命差距的变化。笔者将在下一节更详细地描述这个研究，其重点是更直接的实质性内容，

① 尽管第 2 章中已给出了用于找到效应编码和虚拟编码数据的零向量的公式，但我们总是可以从 APC 模型的 X 矩阵的零特征值的特征向量中推导出零向量。

但目前的兴趣集中在前面推导的可估函数是如何处理数据的。使用的数据来自Preston 和 Wang 论文中的表5（本章表4－2），这些数据没有被他们正式分析过。这些单元格包含每10万人男女肺癌死亡率的差异（男性死亡率减去女性死亡率）。在分析这些数据时，会对这些差异进行对数转换。最早时期中最老的年龄组代表最早期队列，Preston 和 Wang 将该队列标记为1863～1867年队列。对于这个年龄、时期和队列组合，每10万人中男女死亡人数相差34.5人。考虑到表的设置，队列在主对角线上。

表4－2 每10万人男女肺癌死亡率的差异

年龄组（岁）	时期（年）											
	1948	1953	1958	1963	1968	1973	1978	1983	1988	1993	1998	2003
50～54	33.7	48.3	56.0	58.7	64.1	63.2	63.1	51.2	44.4	31.9	21.2	18.4
55～59	56.0	80.6	92.5	105.7	117.6	116.4	110.5	101.0	90.5	72.2	50.6	38.0
60～64	67.4	106.4	142.0	161.7	191.7	192.4	188.9	161.9	156.6	132.9	91.4	65.6
65～69	64.3	109.8	163.9	219.4	248.1	270.1	263.9	247.3	225.7	204.6	154.6	114.4
70～74	53.9	94.3	145.5	215.9	306.2	331.5	361.0	338.6	307.9	257.7	229.5	173.4
75～79	43.8	78.7	116.1	182.1	261.5	344.2	396.3	404.8	381.5	320.2	273.0	233.8
80～84	34.5	62.1	88.7	137.3	187.4	282.6	382.7	411.0	421.1	385.9	311.9	262.5

资料来源：Preston，S. H.，and H. Wang. 2006. Sex mortality differences in the United States：The role of cohort smoking patterns，*Demography* 43：631－46，Table 5。

注：该表经过重新排列，行为年龄组，列为时期。

当然，分析人员遇到的问题是，虽然年龄组、时期和队列可能都独立地与这些死亡率相关，但我们无法估计每个年龄组、时期和队列的独立影响，因为APC模型不可识别。本章的主题是，虽然遇到这种情况，但可以估计生成结果数据的参数的一些线性组合，并且这些很可能对分析人员有价值。

表4－3给出了四个不同约束条件下的约束解：age1＝age2、cohort1＝cohort2、内源估计和时期约束条件下的零线性趋势（ZLT－时期）。内源估计（Yang et al.，2004，2008）被限定为垂直于零向量，而ZLT－时期约束（O'Brien，2011c）将时期系数约束为具有零线性趋势。表4－3还给出了这些数据的扩展零向量、可估线性偏差及可估二阶差分的结果。尽管从表4－3中并不能立即看出这一点，但是所有这些解都在解集线上。如果我们将相应零向量元素的0.2489倍添加到表4－3中age1＝age2约束解的系数中，则可以使用cohort1＝

cohort2 约束条件得到约束解。也就是说，当 $s=0.2489$ 时，$b_{c1=c2} = b_{a1=a2} + sv$。相同的过程不仅适用于从 age1 = age2 约束解到使用 $s=0.5323$ 的内源估计解，且适用于从 age1 = age2 约束解到 ZLT－时期约束的约束解（$s=0.5999$）。

表 4－3 中更明显的是，无论使用何种解法，截距系数（4.640）与 65～69 岁的系数（0.205）均保持不变。在这些情况下，相应的零向量元素为零，所以这些系数在所有约束解中均相同。否则个体年龄、时期和队列系数是不同的，有时在不同约束解中完全不同。

在这些模型中，年龄系数、时期系数和队列系数的趋势是不可识别的（O'Brien，2011b），除了狭义上，它们可以在特定的约束条件下被识别。如果可以确定其中一种系数的趋势，我们就可以识别模型中的其他效应，这就需要一个约束条件。但在斜率部分，$l'sv$ 法表明，在某些情况下，具体趋势的总和与差值是可估的。也就是说，年龄和时期趋势的总和是可估的 $(t_a + t_p)$，时期和队列趋势的总和是可估的 $(t_p + t_c)$，并且年龄趋势减去队列趋势也是可估的 $(t_a - t_c)$。如表 4－3 底部所示，无论使用何种约束条件，都有 $(t_a + t_p) = 0.307$，$(t_p + t_c) = 0.061$，$(t_a - t_c) = 0.246$。虽然趋势会根据所使用的约束条件而不同，但这些总和与差值是固定不变的。

年龄系数与其线性趋势的偏差见表 4－3，且无论使用什么约束条件来求解 APC 模型，其值都是相同的。例如，无论用什么约束条件来获得解，50～54 岁到 80～84 岁的这些解的线性偏差（－0.276，0.017，0.170，0.205，0.144，0.016，－0.245）均相等，各约束条件下的二阶差分（差分的差分）也相等。对于使用 age1 = age2 约束条件的情况（age3 － 2 × age2 + age1），二阶差分为 $-0.140 = [+(0.463) - 2 \times (0.603) + (0.603)]$，对于相同线性组合的 IE 约束条件，二阶差分为 $-0.140 = [-0.069 - 2 \times (-0.461) + (-0.993)]$。这些二阶差分均相等，因为它们是可估函数。表 4－3 的最后一列包含了年龄、时期和队列系数的二阶差分。

研究人员可能不想去测试年龄内的趋势变化，因为年龄系数很少。由于一些客观原因（如下节所述），我们将重点关注队列内的趋势变化。我们将队列系数分为 1863～1867 年至 1898～1902 年和 1903～1907 年至 1948～1952 年两组。斜率的变化（最晚近的队列趋势减去较早期的队列趋势）是一个可估函数，无论我们使用什么约束解，其值始终为 －0.410（其基于死亡率差异对数值的趋势）。

数据显示，较早期和较晚近队列的队列效应的趋势有很大的差异：较晚近队列的趋势比较早期队列的负向性更强。

不管用什么约束条件获得解，y 的预测值（预测的年龄 - 时期表单元格中死亡率的对数值）均相同。例如，使用与 1948 年 50 ~ 54 岁（1893 ~ 1897 年队列的一部分）相对应的单元，该单元的预测值是：截距 + age50 - 54 + period1948 + cohort1893 - 1897。对于 age1 = age2 这一约束条件，线性组合为：4.640 + 0.630 - 3.575 + 1.946 = 3.614；对于 cohort1 = cohort2 这一约束条件，线性组合为：4.640 - 0.143 - 2.206 + 1.324 = 3.615。无论使用哪个约束结果，该值都是相同的（在舍入误差内）。由于我们将分析中的因变量取了对数，所以我们可以对这个值取幂，以获得这个单元格中每 10 万人不同性别之间死亡人数差异的估计值，即 37.11。在表 4 - 2 中，我们看到每 10 万人该差异的观测值为 33.7。

表 4 - 3　利用男女肺癌死亡率差异对数得出的 OLS 回归结果

	age1 = age2	coh1 = coh2	内源估计	ZLT - 时期	扩展零向量	线性偏差	二阶差分
截距	4.640	4.640	4.640	4.640	0.000		
50 ~ 54 岁	0.603	-0.143	-0.993	-1.196	-3.000	-0.276	
55 ~ 59 岁	0.603	0.106	-0.461	-0.596	-2.000	0.017	
60 ~ 64 岁	0.463	0.214	-0.069	-0.137	-1.000	0.170	-0.140
65 ~ 69 岁	0.205	0.205	0.205	0.205	0.000	0.205	-0.117
70 ~ 74 岁	-0.149	0.099	0.383	0.450	1.000	0.144	-0.097
75 ~ 79 岁	-0.602	-0.104	0.463	0.598	2.000	-0.016	-0.097
80 ~ 84 岁	-1.124	-0.378	0.473	0.675	*3.000*	-0.245	-0.070
1948 年	-3.575	-2.206	-0.647	-0.275	5.500	-6.874	
1953 年	-2.773	-1.653	-0.378	-0.074	4.500	-5.473	
1958 年	-2.116	-1.245	-0.253	-0.017	3.500	-4.216	-0.145
1963 年	-1.448	-0.826	-0.117	0.052	2.500	-2.948	0.011
1968 年	-0.775	-0.402	0.024	0.125	1.500	-1.675	0.005
1973 年	-0.140	-0.015	0.126	0.160	0.500	-0.440	-0.038
1978 年	0.487	0.363	0.221	0.187	-0.500	0.787	-0.008
1983 年	1.031	0.657	0.232	0.131	-1.500	1.931	-0.084
1988 年	1.607	0.985	0.276	0.107	-2.500	3.107	0.033
1993 年	2.115	1.244	0.252	0.015	-3.500	4.215	-0.069
1998 年	2.554	1.435	0.159	-0.145	-4.500	5.254	-0.068

续表

	age1 = age2	coh1 = coh2	内源估计	ZLT-时期	扩展零向量	线性偏差	二阶差分
2003年	3.032	1.664	0.105	-0.267	-5.500	6.332	0.038
1863~1967年	3.600	1.485	-0.925	-1.499	-8.500	-0.983	
1868~1972年	3.351	1.485	-0.641	-1.148	-7.500	-0.693	
1873~1977年	3.086	1.468	-0.374	-0.813	-6.500	-0.419	-0.016
1878~1982年	2.852	1.483	-0.076	-0.447	-5.500	-0.113	0.032
1883~1987年	2.604	1.484	0.209	-0.095	-4.500	0.178	-0.014
1888~1992年	2.328	1.457	0.465	0.228	-3.500	0.441	-0.028
1893~1997年	1.946	1.324	0.616	0.447	-2.500	0.599	-0.105
1898~1902年	1.437	1.064	0.639	0.538	-1.500	0.629	-0.128
1903~1907年	0.907	0.783	0.641	0.607	-0.500	0.637	-0.021
1908~1912年	0.292	0.416	0.558	0.592	0.500	0.561	-0.085
1913~1917年	-0.350	0.023	0.448	0.550	1.500	0.459	-0.026
1918~1922年	-1.011	-0.389	0.320	0.488	2.500	0.337	-0.020
1923~1927年	-1.628	-0.757	0.235	0.472	3.500	0.259	0.045
1928~1932年	-2.348	-1.228	0.048	0.352	4.500	0.078	-0.103
1933~1937年	-3.104	-1.736	-0.177	0.195	5.500	-0.139	-0.036
1938~1942年	-3.907	-2.290	-0.447	-0.008	6.500	-0.403	-0.047
1943~1947年	-4.691	-2.825	-0.699	-0.192	7.500	-0.647	0.019
1948~1952年	-5.364	-3.248	-0.839	-0.265	8.500	-0.780	0.111
	趋势						
年龄	-0.293	-0.044	0.239	0.307			
时期	0.600	0.351	0.068	0.000			
队列	-0.539	-0.290	-0.007	0.061			
年龄+时期	0.307	0.307	0.307	0.307			
时期+队列	0.061	0.061	0.061	0.061			
年龄-队列	0.246	0.246	0.246	0.246			

注：数据来自表4-2。

4.7 对男女肺癌死亡率差异的更多实质性检验

正如上节所述，表4-2中的数据来自Preston和Wang（2006）的一项研究，这些数据集中关注男女死亡率的差异。在其研究的主体部分，Preston和Wang研究了美国男女之间死亡率的差异及其在不同年龄组中随着时间推移的变化情况。

数据显示，最晚近时期中男女之间的寿命差距已有所下降，且 Preston 和 Wang 坚信，这在很大程度上是因为各队列中男女吸烟差距在缩小。他们报告的证据显示，在 1885 ~ 1889 年出生的队列成员中，40 岁以前成为吸烟者的人的估计烟龄差异约为 10.7 年。这一差异在 1895 ~ 1899 年出生的队列成员中增加到了 13.5 年，而在其后至 1950 ~ 1954 年出生的队列成员中则呈单调递减趋势。

与结合 Frost（1939）的研究所讨论的结核病一样，只有长期接触致病“物质”，吸烟对肺癌死亡率产生的影响才会显现。如上节所述，表 4 - 2 中的数据只是其部分数据。他们并未对这部分数据进行正式分析，但现在我们利用这部分数据来证明特定现实背景下可估函数的有用性。①

他们对文献的讨论强调了 1900 年以后出生队列中男女之间吸烟行为的差距越来越小。鉴于其讨论，笔者认为至少在 1900 年后出生的队列中，男女肺癌死亡率差距的增长率将会降低。如果吸烟是造成差距的主要因素，笔者预计在 1900 年后出生的队列中，男女肺癌死亡率的差距将会缩小。由此，笔者认为队列效应的线性偏差将会呈倒 U 形分布，队列效应的斜率变化将为负（至少对 1900 年前后的趋势来说如此）。这些分布模式将会与 Preston 和 Wang 的理论一致。

表 4 - 3 计算出了队列效应的线性偏差，绘图如图 4 - 1 所示。如果男女肺癌死亡率差距的“增长率”总体来说随队列下降，那么我们便可预计这些队列偏差将会呈倒 U 形分布。

我们在“增长率”这一词的语言使用上如此小心谨慎的原因在于，即使线性偏差呈倒 U 形曲线，人们也可以找到一个约束解，使差距在队列间增加，但是这种增加呈递减趋势。此外，笔者还认为，与早期队列的斜率相比，晚近队列的斜率正向性更弱。队列斜率的变化是一个可估函数。根据 Preston 和 Wang（2006）文章中的实质性理论及其 40 岁以前男女烟龄数据，我们可以预期 1863 ~ 1867 年至 1898 ~ 1902 年出生队列的男女肺癌死亡率差距的队列效应趋势的正向性更强（负向性更弱），而 1903 ~ 1907 年到 1948 ~ 1952 年出生队列的效应趋势的负向性更强（正向性更弱）。这两组队列间的斜率变化值为 - 0.410。数据显示，早期和晚近队列的队列效应趋势存在极大差异，前者比后者具有更强的正向性（更弱的负向性），早期队列的斜率与晚近队列的斜率之间的差异具有统计学

---

① 数据参见他们论文中的表 5，他们从国家卫生统计中心获得了这些数据。

意义（$p<0.001$）。

进一步检查图4－1可发现，时期线性趋势偏差与男女肺癌死亡率差距之间的关系、年龄线性趋势偏差与男女肺癌死亡率差距之间的关系均为相对平滑的曲线关系。但正如队列那样，我们不能将这种关系表述为年龄和时期效应本身呈倒U形分布，因为这种说法排除了其线性趋势成分。

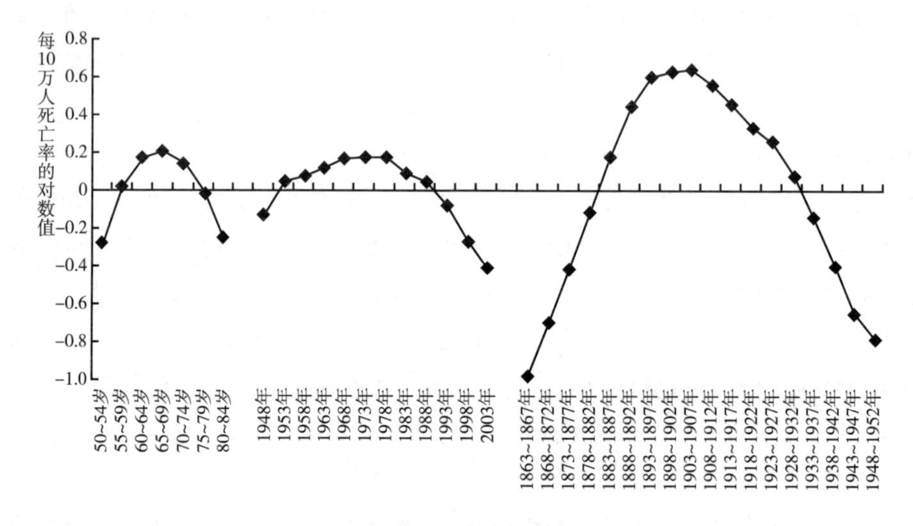

图4－1　男女肺癌死亡率对数差值的线性偏差

4.8　结论

在其经典形式中，无约束的APC模型是不可识别的，因为设计矩阵（X）的秩亏为1，与结果数据拟合情况相同的效应系数的解存在无数个。然而，我们可以通过对这些系数施加单个约束条件来得出APC模型的一个解。和任何其他约束解一样，该解为APC模型单元值的最优估计值。

虽然利用这样的约束条件可以获得因变量预测值的最优拟合解，但效应系数的解随约束条件的变化而变化。尽管如此，我们仍可以得到这些效应系数某些线性组合的唯一估计值。无论使用哪种恰好可识别的线性约束条件来找到解，这些“可估函数”均相同，即不论解法如何，可估函数保持不变。这些可估函数是结果变量生成参数的线性组合的无偏估计，这一点对于那些对实际问题感兴趣的研究人员来说至关重要。像所有其他最优拟合解一样，结果数据生成参数的解必须位于解集线上。

本章给出的用于建立可估函数线性组合的方法基于以下事实：所有约束解均位于解集线 $b_c^0 = b_{c1}^0 + sv$ 上。该方法统一了可估函数的推导，且可以与普通最小二乘法和广义线性模型一起使用。

作为可估函数使用的一个例子，本章使用 Preston 和 Wang（2006）的数据阐述了如何利用可估函数检验其理论内涵，即男女肺癌死亡率差距的部分原因可归咎于队列效应。尽管我们无法唯一地估计出年龄、时期和队列效应系数，但我们仍可以对其理论内涵进行检验，因为我们可以估计出不同队列组间队列斜率是否发生变化，或者队列效应的变化率是在增加还是在减少。

本章所述方法并不仅限于 APC 模型。对于任何秩亏为 1 的 X 矩阵，最小二乘和广义线性模型的解均位于解集线上，而零向量提供了该解集线的方向。对于任何秩亏为 2 的 X 矩阵，解均位于解集平面上，并且该平面的方向由与零空间相关联的空间提供，在这种情况下，该空间将是二维的（即平面空间）。这种方法可以扩展到任意数量的零空间维度①。下一章将介绍基于方差分解的 APC 方法。对于其中的一种方法，即 APC 方差分析法（APC ANOVA）而言，其分解以可估函数为基础。

附录 4.1

（见附表 A 4.1－1）

附表 A 4.1－1　年龄－时期表为 5×5 时，用于解出 IE 的广义逆

	$I - \beta_0 \beta'_0$								
	截距	a1ie	a2ie	a3ie	a4ie	p1ie	p2ie	p3ie	p4ie
截距	1.0000	0.0000	0.0000	0.0000	0.0000	0.0000	0.0000	0.0000	0.0000
a1ie	0.0000	0.9286	－0.0357	0.0000	0.0375	0.0714	0.0357	0.0000	－0.0357
a2ie	0.0000	－0.0357	0.9821	0.0000	0.0179	0.0357	0.0179	0.0000	0.0179
a3ie	0.0000	0.0000	0.0000	1.0000	0.0000	0.0000	0.0000	0.0000	0.0000
a4ie	0.0000	0.0357	0.0179	0.0000	0.9821	0.0357	0.0357	0.0000	0.0179

① 对于秩亏为 2 的矩阵，解位于平行于零空间的平面上。解的平面是 $b_c^0 = b_{c1}^0 + s_1 v_1 + s_2 v_2$（O'Brien，2012），其中 v_1 和 v_2 是线性独立的零向量。

续表

	$I-\beta_0\beta'_0$								
	截距	a1ie	a2ie	a3ie	a4ie	p1ie	p2ie	p3ie	p4ie
p1ie	0.0000	0.0714	0.0357	0.0000	-0.0357	0.9286	-0.0357	0.0000	0.0357
p2ie	0.0000	0.0357	0.0179	0.0000	-0.0179	-0.0357	0.9821	0.0000	0.0179
p3ie	0.0000	0.0000	0.0000	0.0000	0.0000	0.0000	0.0000	1.0000	0.0000
p4ie	0.0000	-0.0357	-0.0357	0.0000	0.0179	0.0357	0.0179	0.0000	0.9821
c1ie	0.0000	-0.1429	-0.1429	0.0000	0.0714	0.1429	0.0714	0.0000	-0.0714
c2ie	0.0000	-0.1071	-0.1071	0.0000	0.0536	0.1071	0.0536	0.0000	-0.0536
c3ie	0.0000	-0.0714	-0.0714	0.0000	0.0357	0.0714	-0.0357	0.0000	-0.0357
c4ie	0.0000	-0.0357	-0.0357	0.0000	0.0179	0.0357	0.0179	0.0000	-0.0357
c5ie	0.0000	0.0000	0.0000	0.0000	0.0000	0.0000	0.0000	0.0000	0.0000
c6ie	0.0000	0.0357	0.0179	0.0000	-0.0179	-0.0357	-0.0179	0.0000	0.0179
c7ie	0.0000	0.0714	0.0357	0.0000	-0.0357	-0.0714	-0.0357	0.0000	0.0357
c8ie	0.0000	0.1071	0.0536	0.0000	-0.0536	-0.1071	-0.0536	0.0000	0.0536

	$I-\beta_0\beta'_0$								
	c1ie	c2ie	c3ie	c4ie	c5ie	c6ie	c7ie	c8ie	v
截距	0.0000	0.0000	0.0000	0.0000	0.0000	0.0000	0.0000	0.0000	0.0000
a1ie	-0.0357	-0.0357	-0.0357	-0.0357	0.0000	0.0357	0.0714	0.1071	-0.2673
a2ie	0.0179	0.0179	0.0179	0.0179	0.0000	0.0179	0.0357	0.0536	-0.1336
a3ie	0.0000	0.0000	0.0000	0.0000	0.0000	0.0000	0.0000	0.0000	0.0000
a4ie	0.0714	0.0536	0.0357	0.0179	0.0000	-0.0179	-0.0357	-0.0536	0.1336
p1ie	0.1429	0.1071	0.0714	0.0357	0.0000	-0.0357	-0.0714	-0.1071	0.2673
p2ie	0.0714	0.0536	0.0357	0.0179	0.0000	-0.0179	-0.0357	-0.0536	0.1336
p3ie	0.0000	0.0000	0.0000	0.0000	0.0000	0.0000	0.0000	0.0000	0.0000
p4ie	-0.0714	-0.0536	-0.0357	-0.0179	0.0000	0.0179	0.0357	0.0536	-0.1336
c1ie	0.7143	-0.2143	-0.1429	-0.0714	0.0000	0.0714	0.1429	0.2143	-0.5345
c2ie	-0.2143	0.8393	-0.1071	-0.0536	0.0000	0.0536	0.1071	0.1607	-0.4009
c3ie	-0.1429	-0.1071	0.9286	-0.0357	0.0000	0.0357	0.0714	0.1071	-0.2673
c4ie	-0.0714	-0.0536	-0.0357	0.9821	0.0000	0.0179	0.0357	0.0536	-0.1336
c5ie	0.0000	0.0000	0.0000	0.0000	1.0000	0.0000	0.0000	0.0000	0.0000
c6ie	0.0714	0.0536	0.0357	0.0179	0.0000	0.9821	-0.0357	-0.0536	0.1336
c7ie	0.1429	0.1071	0.0714	0.0357	0.0000	-0.0357	0.9286	-0.1071	0.2673
c8ie	0.2143	0.1607	0.1071	0.0536	0.0000	-0.0536	-0.1071	0.8393	0.4009

参考文献

Clayton, D., and E. Schifflers. 1987. Models for temporal variation in cancer rates Ⅱ: Age – period – cohort models. *Statistics in Medicine* 6: 468 – 81.

Frost, W. H. 1939. The age selection of mortality from tuberculosis in successive decades. *American Journal of Hygiene* 30: 91 – 96.

Holford, T. R. 1983. The estimation of age, period, and cohort effects for vital rates. *Biometrics* 39: 311 – 24.

Holford, T. R. 1985. An alternative approach to statistical age – period – cohort analysis. *Journal of Chronic Disease* 38: 831 – 6.

Holford, T. R. 1991. Understanding the effects of age, period, and cohort on incidence and mortality rates. *Annual Review of Public Health* 12: 425 – 57.

Holford, T. R. 2005. Age – period – cohort analysis. In *Encyclopedia of Biostatistics* (2nd edition), eds. P. Armitage and T. Colton, 105 – 23. Chichester, West Sussex, UK: John Wiley & Sons.

Jagodzinski, W. 1984. Identification of parameters in cohort models. *Sociological Methods & Research* 12: 375 – 98.

Kupper, L. L., J. M. Janis, A. Karmous, and B. G. Greenberg. 1985. Statistical age – period – cohort analysis: A review and critique. *Journal of Chronic Disease* 38: 811 – 30.

Mason, K. O., W. M. Mason, H. H. Winsborough, and K. W. Poole. 1973. Some methodological issues in cohort analysis of archival data. *American Sociological Review* 38: 242 – 58.

O'Brien, R. M. 2011a. The age – period – cohort conundrum as two fundamental problems. *Quality & Quantity* 45: 1429 – 44.

O'Brien, R. M. 2011b. Constrained estimators and age – period – cohort models. *Sociological Methods & Research* 40: 419 – 52.

O'Brien, R. M. 2011c. Intrinsic estimators as constrained estimators in age – period – cohort accounting models. *Sociological Methods & Research* 40: 467 – 70.

O'Brien, R. M. 2014. Estimable functions of age – period – cohort models: A unified approach. *Quality and Quantity* 48: 457 – 474.

O'Brien R. M. 2012. Visualizing rank deficient models: A row equation geometry of rank deficient matrices and constrained – regression. *PLoS ONE* 7 (6): e38923doi: 10. 1371/journal. pone. 0038923.

O'Brien, R. M., and J. Stockard 2009. Can cohort replacement explain changes in the relationship between age and homicide offending? *Journal of Quantitative Criminology* 25: 79 – 101.

Preston, S. H., and H. Wang. 2006. Sex mortality differences in the United States: The role of cohort smoking patterns. *Demography* 43: 631 – 46.

Robertson, C., S. Gandini, and P. Boyle. 1999. Age – period – cohort models: A comparative study of available methodologies. *Journal of Clinical Epidemiology* 52: 569 - 83.

Rodgers, W. L. 1982. Estimable functions of age, period, and cohort effects. *American Sociological Review* 47: 774 - 87.

Searle, S. R. 1971. *Linear Models*. New York: John Wiley & Sons.

Tarone, R. E., and K. C. Chu. 1996. Evaluation of birth cohort patterns in population disease rates. *American Journal of Epidemiology*, 143: 85 - 91.

Yang, Y., W. J. Fu, and K. C. Land 2004. A methodological comparison of age - period - cohort models: Intrinsic estimator and conventional generalized linear models. In *Sociological Methodology*, ed. R. M. Stolzenberg, 75 - 110. Oxford: Basil Blackwell.

Yang, Y., and K. C. Land. 2013. *Age - Period - Cohort Analysis: New Models, Methods, and Empirical Applica*tions. Boca Raton, FL: Chapman & Hall.

Yang, Y., S. Schulhofer - Wohl, W. J. Fu, and K. C. Land. 2008. The intrinsic estimator for age - period - cohort analysis: What it is and how to use it. *American Journal of Sociology* 113: 1697 - 736.

在年龄 - 时期 - 队列 (APC) 模型中分解方差

因此我注意到，当一个人脱离强有力的先验信息而通过随机效应改变模型时……他仍然是在强行改变模型。

S. E. Fienberg (2013: 1983)

5.1 引言

利用方差分析进行的方差分解是一个可估函数，本可以放在前面重点讨论可估函数的那章中。出现在这里是因为它与年龄 - 时期 - 队列混合模型 (APCMM) 法密切相关，该方法用于确定与随机因素相关的方差，而该方差不是可估函数。方差分析法和 APCMM 法都是从 APC 数据中获取关于年龄、时期和队列的独特效应信息的最佳方法。APCMM 还与 Yang 和 Land (2006) 的分层年龄 - 时期 - 队列 (HAPC) 模型有关。笔者将在本章中提到其中的几个关系，从而帮助读者了解这些方法的一些优缺点。

由于年龄、时期和队列这三个因素之间的线性依赖关系，只要有两个因素被引入模型，第三个因素的线性趋势就将被确定。例如，假设这两个因素是年龄和时期，那么队列因素所需要解释的剩余部分就是队列系数的线性偏差。在第 4 章中，这些线性偏差被证明是可估的。本章在第 1 节中使用方差分解法评估了这些偏差的方差。以队列因素为例，如果队列效应的线性偏差具有统计学意义，那么在控制了年龄和时期效应之后，队列因素与结果变量中的一些方差特异相关。由于这些线性偏差是可估的，它们适用于所有约束模型和生成结果变量的参数。

然而，在使用这种方差分解技术时，研究者无法估计由最后进入模型的因素产生的线性趋势成分所导致的结果变量方差。此外，由于这两个率先被引入的因素“涵盖”了第三个因素的所有线性效应，所以对其参数的估计并不是对相应的数据生成参数效应的无偏估计。这是一个递归问题：在没有外部信息的情况下，年龄、时期和队列效应的趋势无法被识别出来，但是如果我们使用外部信息，对其参数的估计也不见得会比不使用外部信息好。然而，我们可以放心地使用这些方法来评估这三个因素的非线性效应。

在本章接下来的两部分中，笔者提出了两种方差分解的方法：APC 方差分析（ANOVA）法（O'Brien and Stockard，2009）和 APCMM 法（O'Brien，Hudson，and Stockard，2008）。然后笔者会介绍一种在同一个模型中同时使用个体层次和聚合层次数据的方法：Yang 和 Land 的 HAPC 法（2006）。本书侧重于聚合（宏观数据）方法，因此这种方法在某种程度上超出了本书范围，但它与本章描述的另外两种聚合层次的方法密切相关。对 APC ANOVA 和 APCMM 法的检验将解释为什么 HAPC 法在效应识别方面起作用。方差分解的 APC ANOVA 法和 APCMM 法产生了一个“充分条件”，用于确定年龄、时期和队列效应（在统计学意义上）是否有助于模型的拟合。

5.2 归因方差：年龄 - 时期 - 队列方差分析法（APC ANOVA）

在使用最小二乘法（OLS）的 APC 模型中对 ANOVA 法进行描述最为简单，因为在此模型中 ANOVA 法最为典型。第 2 章和第 4 章表明，如果给 APC 系数加上单一的约束条件，则各种约束解将会产生相同的因变量预测值，这些预测值将使得所观测的 y 值与预测值的偏差平方和最小化。APC 全模型的R^2值是R^2_{yapc}，这里，R^2_{yapc}是单一约束 APC 模型的复相关系数的平方。R^2_{ap}是包含年龄和时期分类变量的模型的R^2值。R^2值表示每个模型所解释的结果变量的方差占总方差的比例。

包含了年龄和时期效应的分类编码变量的模型，解释了队列的线性效应以及年龄和时期的线性和非线性效应。这是因为年龄、时期和队列的线性趋势是线性相依的。仅与队列因素相关的结果变量的方差比例为：$R^2_{diff} = R^2_{apc} - R^2_{ap}$。在三个因素间存在线性依赖关系的 APC 模型中，与队列相关的特异方差的比例体现出队列的非线性效应。时期和年龄特异效应可以用类似的方法来计算。

在不同模型的拟合度比较方面，这一公式可推广至广义线性模型（尽管是以一种改进的形式）。不同模型的拟合度比较基于似然比的卡方统计量，这个统计量可以写成 －2×（简化模型的对数似然函数值－全模型的对数似然函数值）。例如，要评估包含了截距和年龄、时期、队列因素的全模型（单一约束）与数据的拟合程度是否明显优于仅包含截距的模型，我们可以计算上述两个模型对数似然值的差值（后者减前者）并把差值乘以 －2，其结果是一个近似的卡方值，其自由度等于全模型中自变量个数与简化模型中自变量个数的差值。注意R^2度量的相似性，该度量是基于仅包含截距的模型和包含截距以及年龄、时期、队列因素的模型（单一约束）的方差。同样，我们可以通过设定三因素模型为全模型而双因素模型为简化模型，并计算似然比卡方值，来比较包含截距和所有三个因素的模型（单一约束）以及只包含了截距和两个因素的模型的拟合度。[①] 这与 OLS 模型中对R^2差值的检验相似。贝叶斯信息准则（BIC）和赤池信息准则（AIC）之类的信息准则也可以用来比较模型的拟合度。这些都考虑了模型中的样本量和/或参数估计量，类似于R^2的修正值。

我们采用在第 2 章（见表 2－3）中使用过的乳腺癌的数据（Clayton and Schifflers，1987：Table 1）来论证 ANOVA 法。采用 OLS 回归来分析每 10 万名妇女的乳腺癌死亡率的对数值，采用泊松回归来分析年龄－时期别乳腺癌死亡数，该死亡数作为每个年龄－时期别的女性风险暴露率（更详细的数据见 Clayton and Schifflers，1987）。然后使用 OLS 回归来分析年龄非线性因素成分的特异效应是否具有统计学意义。运行一个包括所有三个因素（年龄、时期和队列）的回归分析，省略其中的一个年龄非参照类别（除了省略年龄、时期和队列的参照类别外）。排除一个额外年龄组类别使得模型可以被识别，且生成了无数最小二乘解中的一个解。它生成了因变量预测值的最小二乘估计值，因此也生成了适当的R^2值，其表示可由年龄、时期和队列解释的结果变量方差的比例。运行一个只有时期和队列因素的模型，该模型解释了与这两个因素相关的方差，以及与年龄的任何线性趋势相关的方差。全模型和队列－时期模型之间的R^2差值提供了与年龄组特异相关的结果变量中的方差比例，[②] 这种特异方差与去趋势年龄效应有

---

① 它被称为似然比卡方，因为它的公式可以写成 $-2\ln\left(\frac{\text{简化模型似然值}}{\text{全模型似然值}}\right)$。

② 笔者使用 Stata 的“检验”指令来计算从全模型方程中删除所有年龄变量的 F 检验（Stata Corp，2013）。

关。与时期和队列效应特异相关的方差也可以使用类似的方法来确定。

同样的方法也用在采用泊松回归分析来检验年龄非线性因素成分的显著性中，但采用似然比卡方检验来检验其显著性的检验过程除外。运行一个排除了一个额外年龄效应（除了参照类别）的全模型，和一个完全排除了年龄因素的简化模型，这就保证了去除了所有年龄的约束更强的模型被嵌套在仅去除了一个年龄组（除了被作为参照类别的年龄组之外）的模型中。然后用似然比卡方检验来比较全模型与简化模型，这些比较也可以通过信息准则（BIC 或 AIC）来进行。我们可以使用类似的方法来检验时期和队列对该模型拟合度的独特贡献。

这些分析结果见表 5 - 1。使用 OLS 来分析乳腺癌的年龄 - 时期别死亡率的对数值，结果表明年龄、时期和队列都可以解释相当一部分乳腺癌死亡率对数值的特异方差。在控制了年龄和时期后，队列与 0.42% 的乳腺癌死亡率方差有关；在控制了队列和年龄效应后，时期与 0.12% 的乳腺癌死亡率方差有关；在控制了队列和时期效应后，年龄组与 15.95% 的乳腺癌死亡率方差有关。注意年龄的这种较强的特异关系，即使不考虑年龄组别的任何可能的线性效应，它们在乳腺癌死亡率的对数值方差中也几乎占了 16%。队列、时期和年龄的这些特异效应都在 0.0001 水平上具有统计学意义。

表 5 - 1　在控制其他两个因素后，对队列、年龄和时期的特异效应进行检验

	死亡率对数值的 OLS 回归			
	自由度	$p<$	F	$R^2_{增量}$
队列	F(13,27)	0.0001	13.66	0.0042
时期	F(3,27)	0.0001	15.86	0.0012
年龄	F(9,27)	0.0001	750.49	0.1595

	死亡数的泊松回归		
	自由度	$p<$	χ^2
队列	Chi(13)	0.0001	186.8
时期	Chi(3)	0.0001	55.53
年龄	Chi(9)	0.0001	3598.29

对于泊松回归分析，解释并不在于方差，而是在于根据不同模型的似然函数来进行衡量的模型拟合度。在每一种情况下，使用年龄、时期和队列效应独特贡献（除了其他两个因素所解释的）的拟合度明显更好（$p<0.0001$）。尽管未明确指出，但是 BIC 和 AIC 都表明包括了年龄、时期和队列的模型比那些不考虑

这些因素中的某个因素的模型与数据的拟合度更好。这些信息准则考虑了模型中的样本量和自变量的数量。再次指出，这些结果是基于可估函数的。它们对于每个可恰好识别模型的约束估计量均相同，对于生成参数也是一样的，即使我们不知道这些参数。[1] 对于生成参数，队列、时期和年龄组在 OLS 分析的方差占比中和在泊松分析的模型拟合度中都有其独特效应。

笔者想强调这个检验策略的重要性。这个检验足以证明在 APC 模型中某个因素与年龄 - 时期别死亡率在统计上显著相关。因此，在这种情况下，显著性检验表明年龄、时期以及队列效应与结果变量特异相关。然而，这些检验并不是某个因素与结果变量相关的必要条件。它们只检验某个因素与其线性趋势的偏差，以及这些偏差是否与结果变量相关。如果它们不与结果变量显著相关，那么这个因素的线性趋势加上这些偏差可能与结果变量显著相关，但这一趋势是不可估的。

这个模型可以通过其他方式进行扩展。O'Brien 和 Stockard（2009）证明了交互作用可以添加到全模型中。例如，在将乳腺癌数据中的 age1 省略以识别模型的情况下，可以将 age2 × per1 和 age2 × per4 交互项添加到模型中。[2] 这是可行的，因为这两个交互项不会重新引入年龄、时期和队列之间的线性依赖关系。在这种情况下，这两个交互项均具有统计学意义。在这里，笔者所选择的交互项并非完全合理（它们导致了更多的残差），但在本章末的实证案例中，交互项的选择会基于更多实际的考虑。在这个实例中，笔者还将展示如何在这种情况下使用队列特征，以确定有多少因队列产生的方差可由这些特定的队列特征来解释。

5.3 APC 混合模型

在混合模型中，一些变量被视为固定的，而另一些变量则被视为随机的。年龄和时期被视为固定效应而队列被视作随机效应的混合模型可以写为

$$y_{ijk} = \mu + \alpha_i + \pi_j + u_k + \epsilon_{ijk} \tag{5-1}$$

年龄 - 时期表中，y_{ijk}是对应于第 k 个队列组的第 i 个年龄组中的第 j 个时期组的

① 笔者再次指出，这里假定 APC 全模型设定正确。

② 即使因为不同的约束条件改变了与年龄、时期和队列系数相关的线性趋势，从而导致年龄、时期和队列效应的系数有所差异，我们也可以利用其他约束（如省略 cohort1）获得两个交互项的相同估计值。

因变量值，μ 是截距，α_i是第 i 个年龄组的固定效应，π_j是第 j 时期组的固定效应，u_k代表第 k 个队列组的随机效应，ϵ_{ijk}代表随机残差效应。对于固定效应（年龄和时期）而言，每个因素中均有一个类别被作为参照类别。

通过将这些队列建模为随机效应，APCMM 在控制年龄和时期类别的效应时可以评估不同队列之间的差异。对于拟识别的模型，不需要施加额外约束，这些约束隐含在模型本身中。例如，队列的随机效应之和不仅为零，而且在队列中没有线性趋势。这一点笔者在后面会进行证明，但首先我们来看一个随后需要用到的 APCMM 的扩展：

$$y_{ijk} = \mu + \alpha_i + \pi_j + b_k CohortCharacteristic + u_k + \epsilon_{ijk} \quad (5-2)$$

也就是说，我们可以将一个或多个队列特征添加到方程（5 - 1）中。第 6 章将会对因素特征进行介绍，目前只把它们作为与队列相关的可以帮助解释队列之间差异的变量（例如，某个队列成员 35 岁之前的平均吸烟年数，或者队列成员在 0 ~ 12 岁生活在单亲家庭里的平均年数）。将一个或多个队列特征添加到一个年龄 - 时期模型中，通常不会导致线性依赖问题。请注意，在方程（5 - 2）中可以同时包含队列的随机效应与队列特征，这使我们可以研究这些随机效应是如何通过在方程中加入队列特征而受到影响的。如果队列特征能够很好地解释与队列相关的变异，那么在这个模型中，与队列的随机效应（u_k）相关的方差将会减少。在上述例子以及在方程（5 - 1）和（5 - 2）中，我们将队列效应视作随机效应，但也可以指定时期效应或年龄效应为随机效应。

在 APC ANOVA 中，我们利用 y 的预测值是一个可估函数这一事实来分解方差。因此，尽管个体年龄、时期和队列系数是不可估的，但在 y 的预测值可估的情况下，年龄、时期和队列效应的方差是可估的。接下来，笔者会说明为什么在混合模型中，年龄、时期和队列效应在统计学上是可识别的。笔者从一个简单的类比过程开始。

在传统的 APC 模型中，人们普遍认为，在没有对模型进行约束的情况下，我们无法唯一地估计出个体的年龄、时期和队列效应。然而，以下两步策略提供了对年龄、时期和队列效应的估计值：用将年龄和时期视为固定效应的初始模型的残差来表示队列效应。通过年龄和时期效应编码的分类变量对年龄 - 时期别因变量进行回归分析，然后计算年龄 - 时期单元格的残差（$y_{ij} - \hat{y}_{ij}$）。队列效应似乎被包含在了这些残差中，特别是在年龄 - 时期表中所列的队列对角线上的残差。我们可以计算每个队列对角线上这些残差的均值，它们表示与队列效应相关的随机残差。例如，如果第 4 个最早期队列特别容易因结核病而死亡，那么它的残差应该是正的；如果第 8 个最早期队列的结核病死亡率相对较低，那么它的残差应该是负的。也许应该对这些队列效应进行加权，因为它们基于不同数量的例数/单元格数。我们可以考虑根据这些估计值的可信度（基于案例的数量）对均值进行回归。但是，无论处理这些残差的最佳技术方法是什么，它们都包含了一些关于队列效应的有用信息。

遗憾的是，用这种方法来确定年龄、时期和队列效应会存在一个根本问题。在第一步中加入年龄和时期效应，不仅会给它们带来与这两个因素相关的效应，而且还会带来所有与队列相关的线性效应。注意，尽管这个两步模型是可识别的，但如果使用队列和时期作为固定效应并且基于残差决定年龄效应，我们会得到年龄效应的不同结果。年龄效应系统地取决于年龄被视为固定还是随机效应。

回到 APCMM，它能够被识别也有类似的原因。标准模型指定了残差（ϵ_{ijk}）和随机效应（u_k）是独立同分布的，且正如 Snijders（2005：665）所指出的，“假设随机效应与解释变量不相关”。由于时期和年龄效应与队列的线性效应完全混淆，故随机队列效应独立于时期和年龄效应，因为它们独立于队列的线性效应。虽然这些随机效应与 APC ANOVA 法的偏差并不完全相同，但其与 APC ANOVA 法的结果相似，其中，在队列趋势线周围的队列偏差是可识别的。

通过线性混合模型的矩阵形式，我们提出了第三种方法来研究为什么这个模型是可识别的：

$$y = X\beta + Zu + \epsilon \qquad (5-3)$$

其中 y 为因变量观测值的列向量（年龄－时期别率），X 为固定效应的设计矩阵。在 APCMM 中，当队列被视为随机效应时，X 中的截距有一列，效应编码的年龄分类变量有 $I-1$ 列，效应编码的时期分类变量有 $J-1$ 列（如果使用了队列特征，那么每一个队列特征在 X 矩阵中都有一列）。每个年龄－时期别观测值都有一行。β 是固定效应系数的一个向量。X 矩阵一般是可逆的，因为它只包含两个效应（在本例中为年龄和时期效应编码的分类变量）。Z 是随机效应的设计矩阵，在本例中是随机队列效应。矩阵的每一列对应一个队列，每一行对应相应的年龄－时期别观测值。如果某行的年龄－时期别观测值是某列中的队列观测值，就在这列填入1，否则填入0。随机效应的向量 u 是相应随机效应的一个列向量，且（在本例中）每个队列对应一个条目。ϵ 是残差的一个列向量，每个年龄-时期别观测值对应一行。总而言之，年龄和时期的固定效应回归是可识别的，并且由队列产生的残差是基于与不同队列相关的因变量的剩余方差确定的。

为了深入了解APCMM法并与APC ANOVA法进行比较，笔者再次使用乳腺癌数据来进行研究。表5-2中的研究结果是基于将队列、时期和年龄依次作为随机效应处理的APCMM分析。研究结果根据队列、时期和年龄的随机方差进行归纳总结。在每种情况下，队列、年龄和时期的随机方差都具有统计学意义。正如使用5.2节的APC ANOVA法对与这些变量相关的特异方差进行检验那样，很明显，在控制了其他两个因素后，在与之相关的特异方差方面，年龄效应是最重要的。我们再次得出结论，在考虑了其他两个因素后，年龄、时期和队列效应的方差均具有统计学意义，这对于APCMM线性分析和APCMM泊松分析均成立。

表5-2 当队列或时期或年龄被视为随机变量时，混合模型中的随机方差

	死亡率对数值的线性混合模型		
	随机方差	Chibar2(1)[a]	$p<$
队列	0.0104	24.09	0.0001
时期	0.0021	18.95	0.0001
年龄	0.4162	124.5	0.0001
	死亡数的泊松混合模型		
	随机方差	Chibar2(1)[a]	$p<$
队列	0.0834	123.62	0.0001
时期	0.0339	37.33	0.0001
年龄	0.5791	4544.71	0.0001

[a]与包含固定效应和随机效应的模型相比较，Chibar2统计量是基于固定效应模型似然比的卡方值，但是 p 值考虑到方差将为正值。

图5-1显示了在线性APCMM中，当其他两个效应是固定效应时，队列、年龄和时期的随机效应。结合前面的讨论，这里的部分结果并不令人惊讶。随机效应的解在系数（在每个例子中这些系数的斜率均为零）估计值中没有线性趋势。每张图还包含了基于第4章的可估函数法对同一因素进行估计的线性偏差。通过计算某个因素系数的线性趋势及该系数与该线性趋势的偏差，任何约束估计均

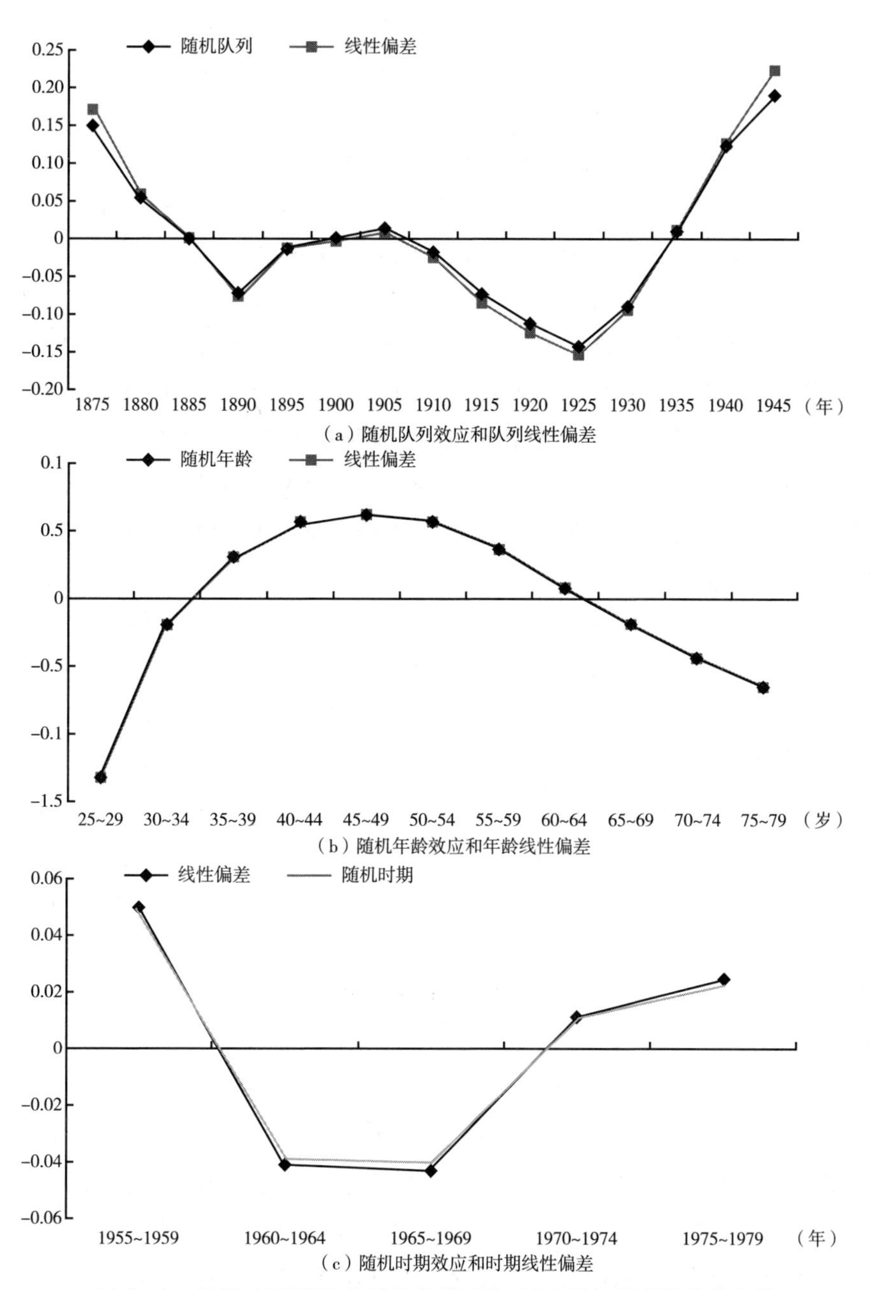

（a）随机队列效应和队列线性偏差

（b）随机年龄效应和年龄线性偏差

（c）随机时期效应和时期线性偏差

图5－1　线性APCMM法的随机效应和OLS回归模型的线性偏差

注：（a）随机队列效应和队列线性偏差。（b）随机年龄效应和年龄线性偏差。（c）随机时期效应和时期线性偏差。

可推导出这些偏差，它们与线性混合模型的随机效应几乎相同。这些混合模型的随机效应与可估函数线性趋势的偏差基本匹配，APC ANOVA 结果则基于这些可估偏差。

尽管因为随机效应系数的存在，数据生成参数的趋势是未知的，但我们仍然可以对数据生成参数进行一些讨论。如果没有趋势，我们可以得出结论，早期队列中出生队列死亡率的趋势是负的，而晚近队列中出生队列死亡率的趋势是正的。如果将“强负趋势”加到图 5-1a 中，我们就可以使这一趋势随着队列效应的推移而呈单调递减变化。然而，这并不能改变以下关于这一趋势的说法：相对于晚近队列，早期队列中出生队列死亡率的趋势更加负向。如果我们使趋势为正，同样的说法也成立：与晚近队列相比，早期队列的这一趋势更加负向（不那么正向）。我们知道，这个结论适用于 APC ANOVA 法的数据生成参数，并且确信在 APCMM 情况下也几乎是正确的。在类似的情况下，可以解释来自年龄和时期的线性/随机效应的偏差。请注意，在图 5-1b 的年龄曲线上，这个解释与乳腺癌死亡率的年龄和倾向相吻合。年龄越小，乳腺癌死亡年龄的年龄趋势更大。相比于老年人群，乳腺癌死亡率的年龄趋势在年轻人群中是相对正向的。图 5-1b 所展示的正是年龄的随机效应，尽管在实际中人们想要给这些随机效应增加一个正的斜率。

图 5-2 显示了线性 APCMM 以及 OLS 回归模型的固定效应，其中有两个效应作为自变量，而有一个效应不包括在内。当队列为随机变量（年龄和时期为固定效应）时（图 5-2a），以及当时期为随机变量（年龄和队列为固定效应）时（图 5-2b），APCMM 的固定效应和 OLS 回归模型的固定效应都惊人地相似；但当年龄为随机效应（时期和队列为固定效应）时（图 5-2c），它们大体上是相似的。在图 5-2c 中，将队列作为固定效应的 APCMM 分析显示，随着时间的推移，乳腺癌死亡率呈直线下降趋势，而 OLS 分析结果则更为复杂：从 1895 到 1910 年，其队列效应的趋势接近水平状态。然而，总的线性下降趋势是相似的。

更重要的是，选择哪个因素作为随机效应会极大地影响固定效应的估计值。通过比较当时期是随机变量（图 5-2b）和年龄是随机变量（图 5-2c）时队列的固定效应，我们可以很明显地看到这一点（图 5-2）。当时期是随机变量时，队列效应从最早期到最晚近的队列有轻微的上升趋势；而当年龄是随机变量时，队列效应呈明显下降趋势。在这个简单的混合模型中，关于哪个变量应该被视为随机的决定，对于分析固定效应部分的结果有重要影响，但并不清楚哪一个或哪

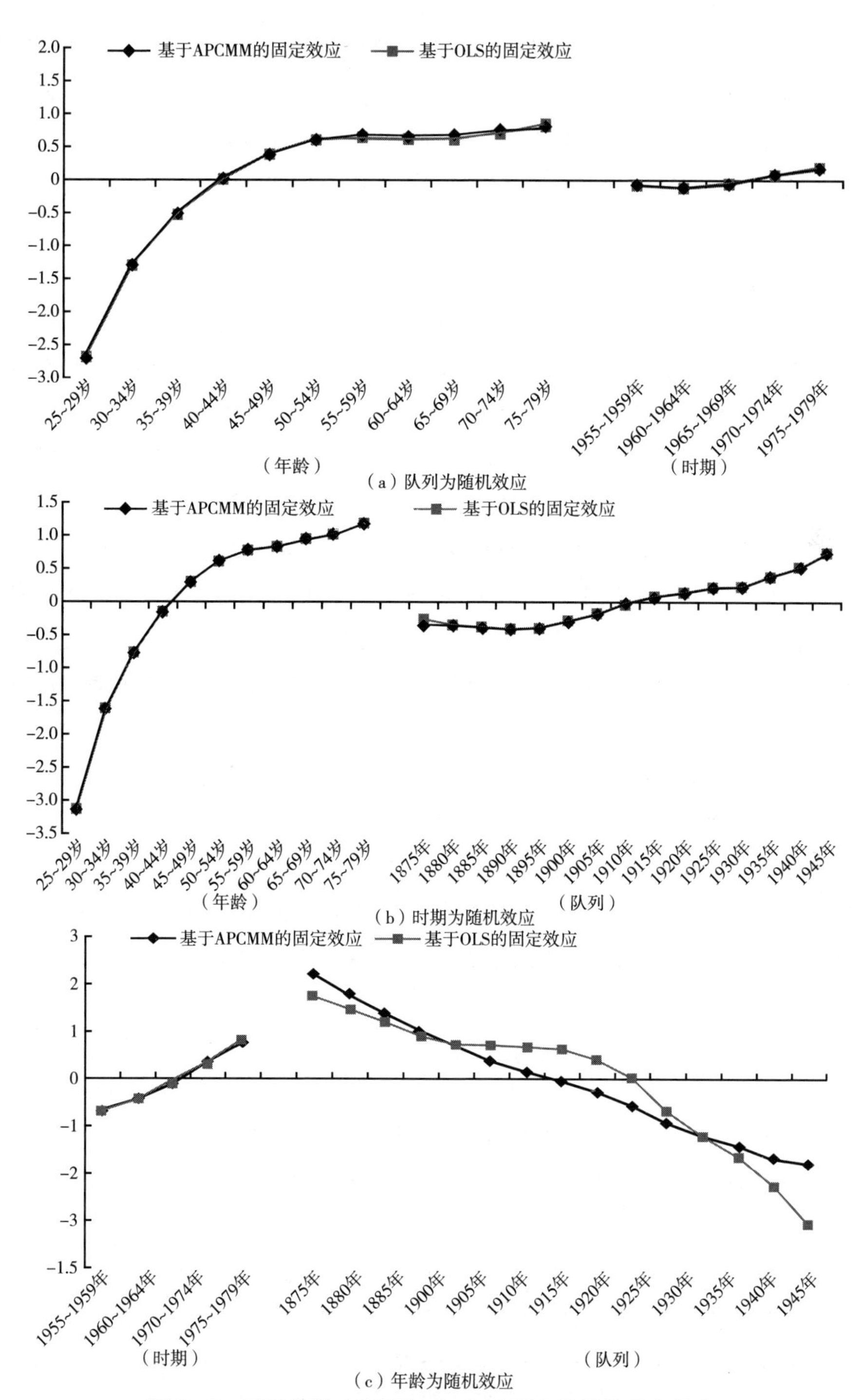

图 5－2　基于线性 APCMM 和 OLS 回归模型的固定效应

些变量应该被视为固定的或是随机的。类似的结论也适用于只纳入其中两个因素的 OLS 分析的固定效应。在这里，因素的趋势取决于哪两个因素进入方程，哪一个被排除在分析之外。尽管人们可能会对哪个变量最适合作为随机效应、哪两个应该被视为固定效应模棱两可，但我们也不应该相信固定效应估计值或随机效应估计值，除非有理由怀疑被分类为随机因素的相关因素效应不随结果变量生成参数的时间趋势而变化。

回到泊松 APCMM 回归，请注意，如表 5－2 所述，乳腺癌计数泊松 APCMM 分析中的每一个随机效应都具有统计学意义。对于线性 APCMM 和泊松 APCMM 来说，与年龄相关的特异方差是所有因素中最大的。我们可以从图 5－3 中看出，基于泊松分析的随机效应没有线性趋势：当这些效应与时间做回归时，其斜率为零。这个图包含了基于泊松 APCMM 分析和基于线性 APCMM 分析的随机效应。当年龄为随机效应时，它们几乎是相同的（图 5－3b），而且当队列和时期被视为随机效应时，它们也很相似（图 5－3a 和图 5－3c）。比较泊松 APCMM 的固定效应与标准线性 APCMM 的固定效应（虽然没有显示这些结果），二者的结果也很相似。泊松 APCMM 的固定效应与图 5－2 中所示的线性 APCMM 的固定效应几乎相同。如果研究者试图从这些分析中解释固定效应，那么需要再次注意的是，哪个因素被认定为随机的非常关键。由于构造的随机效应没有线性趋势，可能与数据生成参数相关的随机效应的任何线性趋势都归因于这两种固定效应了。

作为本节的简单总结和多个随机变量的扩展，笔者注意到 APCMM 中没有添加任何额外的约束条件。在仅使用单个随机效应的情况下，APCMM 模型约束随机因素的结果不随时间变化，其自身效应和与随机因素相关的任何线性效应均归因于被视为固定效应的两个因素。在这种情况下，随机效应几乎等同于第 4 章所描述的线性趋势的偏差，而这些偏差是可估的。只要这些随机效应被解释为这些效应的线性趋势偏差，这些分析就是可信的。对这些随机效应显著性的检验也可以被看作对随机因素的非线性效应的检验。如果随机效应具有统计学意义，那么即使没有任何线性效应，随机因素也可以显著提高模型的拟合度。

这是对随机因素的效应的一个充分检验，因为如果这个检验具有统计学意义，那么随机因素就与结果变量中具有统计学意义的方差相关。然而，这并不是一个必要条件。即使该因素的随机方差没有统计学意义，但如果随机因素获得了它所具有的任何线性趋势，它就可能解释在结果变量中具有统计学意义的方差。

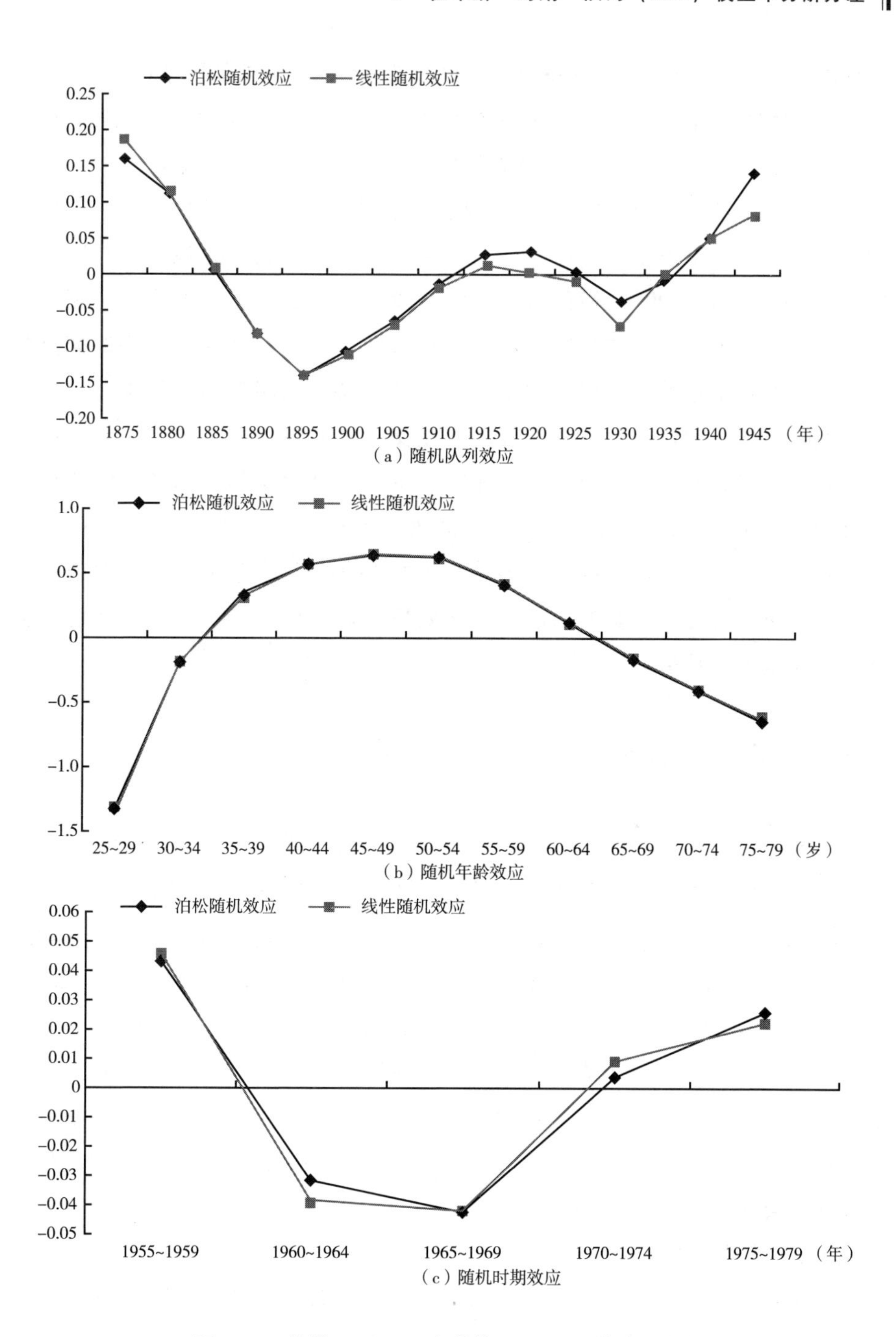

图 5－3 泊松 APCMM 和线性 APCMM 的随机效应

模型固定效应部分的单个效应系数不应被解释为结果值生成参数的估计值，这些系数会与任何与随机因素相关的线性趋势相混淆。对固定效应而言，这与在回归分析中只包含两个因素的回归模型非常相似（尽管不完全相同）。

APCMM 的统计识别状态并不依赖于两个因素作为固定效应、一个因素作为随机效应。如果模型中有两个甚至三个随机因素（也就是说，没有固定效应），我们也可以对模型进行分析。对于这些模型，由于随机因素并不相互嵌套，所以它们被指定为交叉的（Yang and Land，2006）。如果年龄和时期是随机的，那么每个年龄 - 时期别率或计数都处于特定的时期内，但该时期并不嵌套在特定的年龄内，而是与年龄因素相交叉。同样，如果年龄和队列因素是随机的，那么年龄和队列因素是相交叉的。每个模型的识别都不需要任何额外的约束条件。在这些模型中，随机效应表现出的趋势有一定规则可循，但是这种趋势与该因素被视为固定效应时的趋势不同。很明显，这样的模型并不能解决如何分配趋势的问题，因此效应系数提供了数据生成参数的无偏或几乎无偏的估计值。

5.4 分层 APC 模型

本书重点关注使用了许多源自“官方统计数据”的聚合层次数据的 APC 模型。然而，Yang 和 Land（2006）发明了一种技术，这种技术专注于“聚合”或“宏观水平”的时期和队列数据，并将年龄视为一个个体层次的变量。要使用这种方法，我们必须要有个体层次的数据，比如从重复横截面调查中得到的数据；例如，来自综合社会调查的数据或来自全国健康访谈调查的自评健康数据。Yang 和 Land 建议将年龄作为个体层（1 层）、将时期和队列作为宏观层（2 层）来对这些数据进行分层建模分析。他们将他们的方法命名为分层年龄 - 时期 - 队列（HAPC）模型，对于交叉的（而不是嵌套的）时期和队列随机效应，他们使用了交叉分类随机效应模型（CCREM）。也就是说，他们使用 HAPC-CCREM 法来对年龄、时期和队列效应建模。

更正式地说，使用分层模型的表示法（Yang，2011），第 1 层或者组内模型可以写成：

$$Y_{ijk} = \beta_{0jk} + \beta_1 X_{1ijk} + \beta_2 X_{2ijk} + \cdots + \beta_p X_{pijk} + e_{ijk} \qquad (5-4)$$

其中，$i = 1, 2, \cdots, n_{jk}$代表在 j 时期 k 队列的个体；$j = 1, \cdots, J$ 时期，$k = 1, \cdots, K$ 出生队列，残差（e_{ijk}）服从均值为 0、方差为 σ^2 的正态分布。连续型解释变量（大多数 X 变量通常如此）均进行了中心化处理。在最简单、最常用的 HAPC 分析中，研究人员并没有尝试在第 2 层中对时期和队列效应以外的其他影响因素进行建模。第 2 层或组间模型可以写成：

$$\beta_{0jk} = \gamma_0 + u_{0j} + v_{0k} \tag{5-5}$$

其中，时期随机效应（u_{0j}）服从均值为 0、方差为τ_u的正态分布，队列随机效应（v_{0k}）服从均值为 0、方差为τ_v的正态分布。方程（5－5）通过使组均值随着时期（u_{0j}）和队列（v_{0k}）的 2 层随机变量效应上升或下降，对方程（5－4）中的截距进行建模。组合或混合效应模型可以写成：

$$Y_{ijk} = \gamma_0 + \beta_1 X_{1ijk} + \beta_2 X_{2ijk} + \cdots + \beta_p X_{pijk} + u_{0j} + v_{0k} + e_{ijk} \tag{5-6}$$

这里，γ_0是当所有的 1 层变量均为 0 时的期望值，u_{0j}是时期 j 的剩余随机效应（时期 j 的贡献在所有的队列中都是平均的），v_{0k}是队列 k 的剩余随机效应（队列 k 的贡献在所有的时期中都是平均的）。这个模型的优势之一在于，可以利用其他预测变量（除了年龄）来预测个体特征对因变量的影响。例如，我们可以将年龄、年龄的平方、教育、性别、婚姻状况等作为 X 变量。

Yang 及其合作者（2006，2011，2013）知道这个模型是可识别的，但是在不同时期内，人们似乎对它为什么会被识别有一些困惑。在初始的 HAPC 模型报告中，他们特别强调在第 1 层模型中加入年龄的平方项："在这里所描述的实际分析中，年龄、时期或队列维度之一的一个非线性参数形式的设定促进了这个方法的应用与发展，从而打破了经典 APC 统计模型识别不足的问题。"（Yang and Land，2006：92）在证明该策略如何解决识别问题之前，研究人员应该对这个平方项能否以某种方式解决识别不足的问题持怀疑态度。将年龄平方变量添加到包含年龄变量模型的固定效应部分不会影响年龄、时期和队列之间的任何潜在线性依赖关系。

Yang 及其合作者提出的识别模型的第二个要素涉及不等的年龄、时期、队列区间的使用："注意，调查设计的个体层次数据中的年龄区间可以与时期区间不同。不等的年龄、时期和队列区间打破了在聚合层次数据的 APC 统计模型中存在的三个变量的精确线性关系。"（Zheng，Yang，and Land，2011：960）这种区间的不等性当然可以用来识别 APC 模型。然而，这种方法适用于总是可以构建不等区间的个体或聚合层次的数据。Osmond 和 Gardner（1989）指出，由于没有引入约束条件，所以这并不能解决识别问题。不同的分组产生不同的约束条件，从而产生不同的结果。[①] Zheng、Yang 和 Land（2011：960）也意识到了这一点，“结果可能会受到区间宽度选择的影响，因为较长的宽度可能会允许更高程度的过度识别”。尽管如此，即使结果会随着使用的区间而改变，他们和其他使用 HAPC 方法的研究者仍然使用不等的年龄和/或时期和/或队列区间（Luo and Hodges，2013）。

Yang 和 Land（2013：191）提出了第三个要素：“由于在相同的分析水平上，这三个效应并不是线性可加的，所以 HAPC 框架不会导致识别问题。”这也是笔者关于 APCMM 模型的发现。在本章前些部分中，首先找到其中两个因素的固定效应，然后使用残差来找到第三个因素的效应的类比就与这个概念十分接近。更精确的就是关于混合/分层模型的矩阵描述，其中固定效应出现在 X 矩阵中，随机效应出现在 Z 矩阵中（方程 5－3）。也就是说，在相同层次的分析中，这三个效应并不是线性可加的。

Yang 和 Land（2006，2013）的模型与前一节中的 APCMM 非常相似，只是 APCMM 只使用聚合层次数据，HAPC 可以使用第 1 层的年龄和第 2 层的时期和队列的交叉分类随机效应表示。无论是使用年龄的效应编码作为第 1 层变量，还是像在 HAPC 模型中一样使用连续测量的年龄变量，该模型都是可识别的。这个模型的运行不需要年龄的平方项，也不需要对年龄和/或时期和/或队列因素重叠分类。即使像本章的案例所示，只有一个因素是随机因素时，它也可以被运行。从这个意义上说，像 HAPC 这样的 APCMM“不会出现识别问题”。APCMM 可能会被看作解决本书中所描述的聚合层次的 APC 分析中长期存在的识别问题的方法。

遗憾的是，就提供因变量结果值生成参数的无偏估计而言，APCMM 并没有

---

① 例如，使用第 2 章的 APC 约束模型，如果研究人员正常地使用 5 年跨度的时期、队列、年龄组，那么她可以选择构造 10 年跨度的队列组。10 个 5 年跨度的队列组，将生成以下 5 个约束条件：coh1 = coh2，coh3 = coh4，…，coh9 = coh10。然后，时期和年龄组可以在不同的队列中呈现不同的值，从而打破年龄、时期和队列之间的线性依赖关系，这使得模型在传统的 APC 聚合层次情况下被识别。但不同的约束条件会产生不同的结果，这一点同样适用于 HAPC 模型。通常，使用这种不等区间所产生的约束条件不止一个。

解决 APC 识别问题。这一结论的原因之一如图 5－2 所示，很明显，被选为随机效应的因素会极大地影响两个固定效应因素的估计值。这与 O'Brien、Hudson 和 Stockard（2008）得出的结论相似。在某一水平指定两个固定效应作为附加项，第三个作为随机效应，或者一个作为固定效应，两个作为随机效应，可以使模型在统计学上被识别，但它不会对每个因素的年龄效应、时期效应和队列效应的线性趋势进行合理划分。这种划分系统地取决于哪些变量被视为随机的，哪些变量被视为固定的（自身约束如何分配线性成分）。这个结论可以推广到 HAPC 模型中。

5.5 使用凶杀犯罪数据的实证案例

5.5.1 应用 APC ANOVA 法

为了说明 ANOVA 法和 APCMM 法，笔者使用了联邦调查局中美国的年龄－时期别凶杀案逮捕率数据（多年）。数据见表 5－3，对于 1965～2010 年的每个 5 年跨度的年龄组（15～19 岁到 60～64 岁），笔者首先列出了每 10 万名居民的年龄－时期别逮捕率，然后列出了其年龄－时期别凶杀案逮捕人数（括号中）。为了进行泊松分析，我们还需要知道每个年龄－时期别组的人数。我们可以使用 10 万乘以每个年龄－时期别组被逮捕数，然后除以每 10 万人的年龄－时期别逮捕率，从而计算出每个年龄－时期别组的人数。

在数据中增加了队列的两个特征。当出生队列的成员年龄为 15～19 岁时，需要测量其相对队列规模（RCS）。相对队列规模指当出生队列成员是 15～19 岁时，15～64 岁的美国居民中 15～19 岁人数的比例。这些计算所需要的数据由美国人口普查局（U. S. Bureau of the Census，不同年份）提供。RCS 可以衡量从出生队列延伸到亲代的队列的人口百分比。由于可以衡量婴儿潮、生育低潮和正常队列，以及队列的关键生命阶段（O'Brien，Stockard，and Isaacson，1999），这种 RCS 的衡量方式在某种程度上被使用。对于婴儿潮队列，每个孩子被更少的成人抚养、班级人数更多，在队列进入就业市场时，每个初入社会的求职者对应的初级职位更少，同时还有其他弊端。另一个队列特征是来自未婚母亲的产儿在出生队列中的比例，年度百分比来源于美国人口普查局（U. S. Bureau of the Census，1946，1990）和 Martin、Hamilton、Ventura 等（2012）。例如，对于 1940～1944

年出生的队列，笔者平均了来自未婚母亲所生的活产儿的年度百分比。O'Brien、Stockard 和 Isaacson（1999）指出，这些队列的孩子更有可能在贫穷中长大，生活在贫穷的社区，获得的医疗保健较少，并且更不可能受到充分的监管，甚至在其他方面也处于劣势（更多的细节和引文参见 O'Brien et al.，1999）。

表 5-3 美国每 10 万人年龄 - 时期别凶杀犯罪逮捕数据和年龄 - 时期别凶杀犯罪逮捕人数（括号中）：1965~2010 年 15~19 岁到 60~64 岁年龄组

年龄（岁）	时期（年）									
	1965	1970	1975	1980	1985	1990	1995	2000	2005	2010
15~19	9.07 (1536)	17.22 (3311)	17.54 (3723)	18.00 (3799)	16.32 (3028)	35.17 (6245)	35.08 (6372)	14.63 (3017)	13.87 (2918)	10.89 (2371)
20~24	15.18 (2035)	23.75 (3938)	25.62 (4949)	23.97 (5124)	21.10 (4432)	29.10 (5567)	31.93 (5790)	18.46 (3740)	18.70 (3933)	13.08 (2848)
25~29	14.69 (1650)	20.09 (2733)	21.02 (3617)	18.88 (3719)	16.79 (3652)	18.00 (3820)	16.76 (3187)	10.90 (2084)	11.85 (2378)	8.63 (1848)
30~34	11.70 (1292)	16.00 (1841)	15.81 (2234)	15.23 (2704)	12.58 (2550)	12.44 (2726)	10.05 (2200)	6.63 (1280)	6.80 (1366)	5.94 (1212)
35~39	9.76 (1166)	13.13 (1454)	12.83 (1486)	12.32 (1734)	9.60 (1700)	9.38 (1874)	7.25 (1619)	5.41 (1111)	4.69 (986)	4.10 (831)
40~44	7.41 (918)	10.10 (1208)	10.52 (1176)	8.80 (1032)	7.50 (1054)	6.81 (1212)	5.47 (1109)	3.74 (848)	3.69 (843)	2.88 (606)
45~49	5.56 (632)	7.50 (911)	7.32 (862)	6.76 (747)	5.31 (619)	5.17 (714)	3.67 (641)	2.30 (518)	3.09 (696)	2.39 (540)
50~54	4.60 (481)	5.68 (634)	4.91 (588)	4.36 (510)	4.32 (473)	3.38 (384)	2.68 (366)	1.70 (344)	1.74 (347)	1.71 (377)
55~59	3.13 (297)	4.38 (439)	3.34 (356)	3.28 (381)	3.31 (375)	2.36 (247)	2.50 (277)	0.89 (158)	1.22 (211)	1.19 (233)
60~64	2.38 (180)	2.78 (241)	2.99 (281)	2.16 (219)	1.90 (209)	1.77 (188)	1.39 (139)	0.64 (87)	0.76 (99)	0.73 (123)

资料来源：数据来自 Federal Bureau of Investigation, various years, *Crime in the United States*, Washington D.C.: Government Printing Office。

不管他们的年龄或特定时期是什么，这两个队列特征的值对于相同出生队列的成员来说都是相同的。这些测量值的优点在于，由于它们不与年龄和时期线性相依，因此不会产生识别问题；缺点在于，在控制了年龄和时期后，它们很可能无法获得因变量（年龄－时期别凶杀率）和队列成员之间的完整关联。在这种情况下，它们会低估队列的重要性，并产生年龄和时期效应的有偏估计。这些模型将在第6章重点讲述因素－特征模型时进行深入探析。在目前的分析中，这些特征被用来评估与队列特异相关的年龄－时期别凶杀率方差的多少可以由这些队列特征来解释。

首先使用分解方差的 ANOVA 法，它决定了证据是否足以断定年龄、时期和队列对年龄－时期别凶杀率对数值的变异有独特的贡献。表5－4给出了这个问题的答案。在使用 OLS 回归分析法时我们发现，每个因素所解释的特异方差均在0.0001水平上具有统计学意义。在仅包含年龄和时期因素的模型中，队列可以解释年龄－时期别凶杀率3.1%的方差。在仅包含年龄和队列因素的模型中，时期可以将所解释的方差增加6.1%。在仅包含时期和队列因素的模型中，年龄可以将所解释的方差增加3.3%。比较所解释的特异方差也许不是比较这些因素的最佳方法，因为不同的因素不会都有同样多的参数来解释额外的方差（队列17个，时期和年龄各8个）。关于调整后的 R^2，在额外调整的方差中，队列解释了3.2%，时期解释了7.9%，年龄解释了4.3%。

使用泊松回归来分析这些数据，表5－4的第2部分表明，在提升与每个因素相关的拟合度方面，每个因素都很重要。当我们将第三个因素添加到包含另外两个因素的模型中时，模型拟合度会有所提高，而这些卡方值正基于此。

我们使用了两个队列特征来分析凶杀犯罪数据，相对队列规模（RCS）和非婚生育（NMB）比重，并取这些队列特征的对数值作为队列因素。这样会有两个优点：模型被识别，并指明了两种可能产生与队列相关的方差的机制。在控制了年龄和时期效应的 OLS 和泊松回归分析中，这两个队列特征均具有统计学意义，并且与年龄－时期别凶杀率对数值呈正向相关。根据 O'Brien、Stockard 和 Isaacson（1999）的假设，数据显示的这些特征与这些年来特定队列成员发生凶杀犯罪的倾向逐渐上升有关。

根据三种不同因素所解释的方差，在凶杀犯罪的方差（在表5－4所报告的

表 5－4　在控制了其他两个因素对凶杀犯罪数据的效应后，对不同的队列、时期和年龄特异效应的检验

	死亡率对数值的 OLS 回归			
	自由度	$p<$	F	$R^2_{增量}$
队列	F(17,64)	0.0001	7.06	0.031
时期	F(8,64)	0.0001	29.13	0.061
年龄	F(8,64)	0.0001	16.28	0.033
	死亡数的泊松回归			
	自由度	$p<$	Chibar2[a]	
队列	Chi2(17)	0.0001	5366.94	
时期	Chi2(8)	0.0001	9857.84	
年龄	Chi2(8)	0.0001	5899.16	

[a]与包含固定效应和随机效应的模型相比较，Chibar2 统计量是基于固定效应模型似然比的卡方值，但是 p 值考虑到方差将为正值。

OLS 结果中）中，队列解释了 3.08%。这一数据是基于全模型的R^2（0.9836）减去不包含队列分类变量模型的R^2（0.9528）得到的。当使用队列特征并连同年龄和时期因素一起去预测年龄－时期别凶杀率对数值时，$R^2=0.9797$。包含年龄效应、时期效应和队列特征的模型所解释的方差相对于仅包含年龄和时期效应的模型增加了 0.0269（＝0.9797－0.9528）。两个队列特征解释了 87%［＝（0.0269/0.0308）×100%］的与队列特异相关的方差。

因为在凶杀犯罪的年龄分布上存在一些争议，犯罪学家在调查凶杀犯罪的年龄分布时对队列效应特别感兴趣。Hirschi 和 Gottfredson（1983）称这种关系是不变的：这种不变不体现在绝对比率中，而体现为在不同的年龄组中案件的比例不变。直到 20 世纪 80 年代末青少年凶杀盛行之前，这种分布在美国确实非常稳定。表 5－3 中的数据可以体现这一青少年凶杀盛行的情况，该表展示了 1965～2010 年不同年龄组的凶杀率。从 1985 年到 1990 年，15～19 岁的凶杀率上升了 116%，20～24 岁的凶杀率上升了 38%，30～34 岁、60～64 岁的凶杀率都下降了。1995 年，这些比率维持在相似的水平，而 25～29 岁、60～64 岁的凶杀率均有所下降（除了 55～59 岁的凶杀率外）。

我们可以通过引入交互作用的方式来解释青少年暴力的上升趋势，从而检验在这些时期中的年龄分布的变化是否具有统计学意义。所引入的 4 个交互项仅针对1990年和1995年中最年轻的两个年龄组：年龄（15～19）×时期1990、年龄(15～19)×时期1995、年龄（20～24）×时期1990和年龄（20～24）×时期1995。当这4个交互项被添加到有一个约束条件的含有年龄、时期和队列因素的全模型中时，它们的方差均具有统计学意义［F（4，60）=3.76；$p<0.01$］。请注意，因为这4个交互项与年龄、时期和队列因素并不是线性相关的，所以它们可以被纳入模型中。它们是可估函数，存在线性偏差，并且这些偏差不取决于所使用的约束条件。当它们被添加到包含年龄和时期效应以及两个队列特征的模型中时，它们也解释了该模型中一个额外数量的方差［F（4，69）=3.75，$p<0.01$］。

一些研究人员可能会反驳，如果年龄和时期因素解释了年龄－时期别凶杀率方差的95.28%，那么由队列所解释的额外方差（3.08%）是微不足道的。图5－4所示的曲线显示了队列效应的重要性。这些队列效应似乎是青少年凶杀流行的主要原因，因此犯罪学家对此非常着迷并高度警觉。在回归分析中，如果将注意力集中在R^2上，就会忽视这种实际上很重要的现象。决定凶杀犯罪率的两个主要因素是年龄和时期（其他是性别和种族）。在这些分析的年份中，凶杀案总体发生率存在差异，比例接近2比1。图5－4中的图形呈现了年龄的变化，这个年龄段（15～19岁到60～64岁）的最高和最低的比率差异超过6比1并不罕见。这两个因素解释了超过95%的方差（注意，它们解释了队列效应中的所有线性趋势），但在每一个图表中，我们都可以看到包含和排除队列的预测值之间的重要区别。

直到1985年，20～24岁年龄组的凶杀犯罪率都稳定地处于最高水平，随后就出现了“青少年凶杀流行”这一现象。这在图5－4b和图5－4c中都很明显，在这两张图中，15～19岁的凶杀犯罪率最高；到2000年（图5－4d），20～24岁年龄组的凶杀犯罪率再次达到最高。在1990年青少年凶杀流行现象高峰期，将使用包含队列的模型与不含队列的模型的预测值进行对比，队列解释了15～19岁的凶杀犯罪率对数观测值与预测值之间差异的35%。1995年，队列解释了该差异的46%。2000年，在凶杀犯罪率高峰回到20～24岁年龄组后，队列解释了年龄－时期预测率与观测率差异的66%。虽然没有呈现基于泊松回归的图形，但它们非常相似。

笔者的结论是，队列对于理解凶杀犯罪的年龄分布情况随着时间的推移而变化非常重要。队列对于年龄－时期别凶杀犯罪率的方差具有独特贡献，而当使用

APC ANOVA 法时，这种特异方差是一个可估函数，它是对生成参数的队列所解释的特异方差的一个无偏估计。图 5 -4 显示，这些队列效应非常重要。

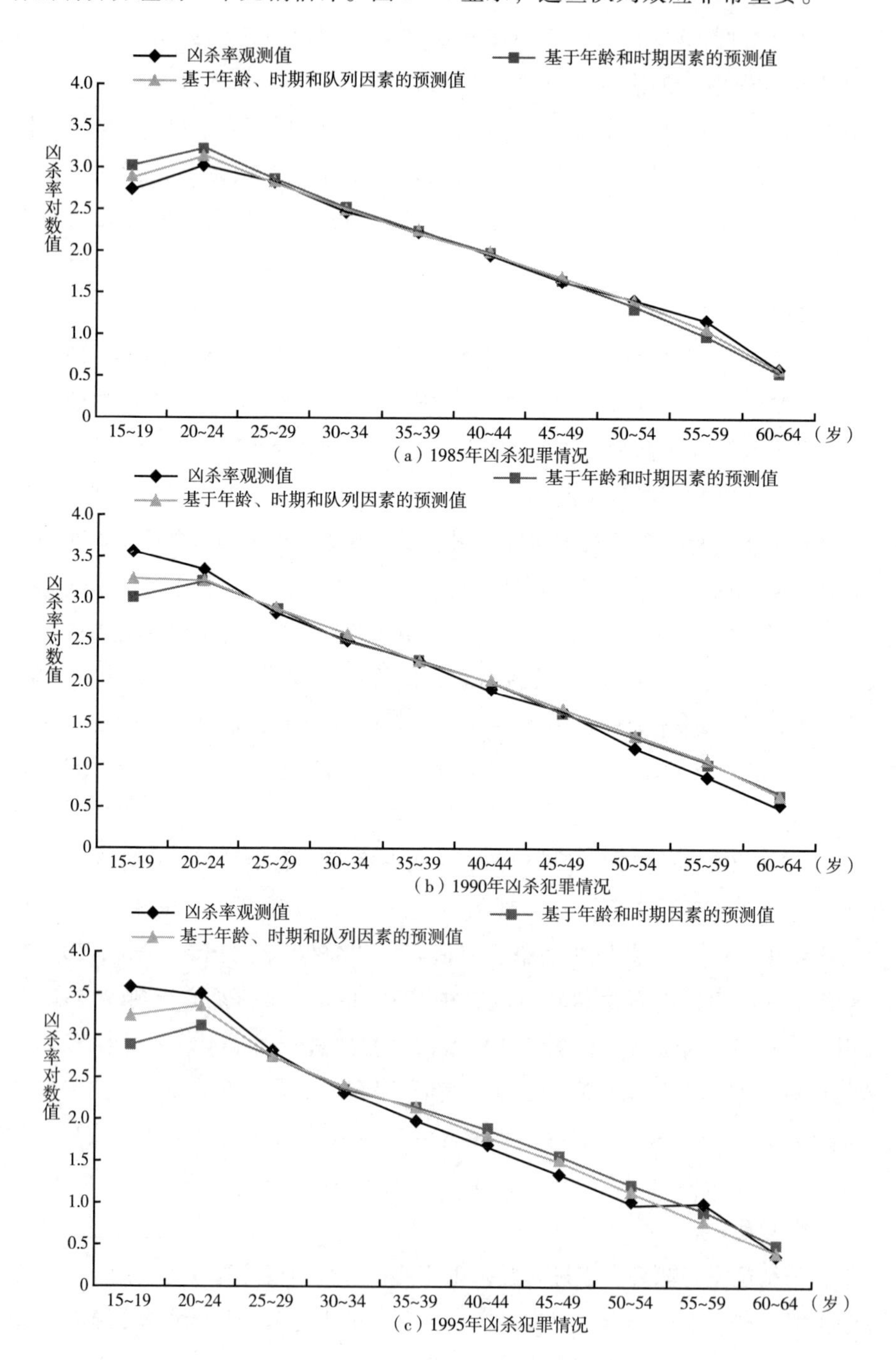

（a）1985年凶杀犯罪情况

（b）1990年凶杀犯罪情况

（c）1995年凶杀犯罪情况

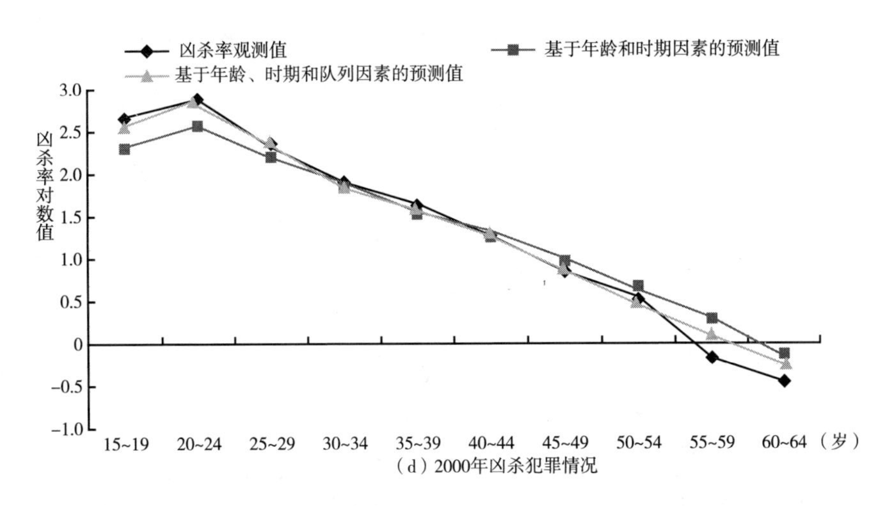

图 5－4 凶杀率对数值和基于年龄和时期因素的预测值，以及基于年龄、时期和队列因素的预测值

5.5.2 应用 APCMM 法

在本节中，我们采用混合模型法估计与随机队列效应、随机时期效应和随机年龄效应相关的方差。这些分析是针对 APCMM 线性模型方法和 APCMM 泊松模型方法而进行的，其中 APCMM 线性模型方法使用了凶杀犯罪率对数值，APCMM 泊松模型方法使用了年龄－时期别凶杀犯罪数以及基于特定年龄－时期别分组的美国居民人数的"暴露量"。分析结果见表 5－5。在线性和泊松模型中，年龄、时期、队列的这些随机效应均在 0.0001 水平上具有统计学意义。在这两种模型中，时期似乎解释了线性 APCMM 法（0.0764）和泊松 APCMM 法（0.1035）中所有随机成分方差的最大部分，但对于泊松分析法而言，队列是第二重要的（0.0843），年龄是最不重要的（0.0385），而对于线性模型而言，年龄对于方差是第二重要的，队列是最不重要的。然而，需要再次注意的是，队列随机效应使用的参数比年龄和时期随机效应多。由于 APCMM 线性模型方法计算的是年龄－时期别凶杀犯罪率对数值的方差，APCMM 泊松模型方法计算的是年龄－时期别凶杀犯罪数对数值的方差（考虑了年龄－时期别组内人口数量的不同），我们并不期望这两个模型的分析结果完全相同。

表 5 - 5　当队列或时期或年龄被作为年龄 - 时期别凶杀率的随机变量时混合模型中的随机方差

	线性混合模型中的凶杀率		
	随机方差	Chibar2(1)[a]	$p <$
队列	0.0392	28.53	0.0001
时期	0.0764	74.18	0.0001
年龄	0.0416	48.23	0.0001
	泊松混合模型中的凶杀数		
	随机方差	Chibar2(1)[a]	$p <$
队列	0.0843	5374.64	0.0001
时期	0.1035	10618.60	0.0001
年龄	0.0385	6147.46	0.0001

[a] 与包含固定效应和随机效应的模型相比较，Chibar2 统计量是基于固定效应模型似然比的卡方值，但是 p 值考虑到方差将为正值。

图 5 - 5 描述了这些方差所基于的随机效应。这三张图呈现了在线性 APCMM 和泊松 APCMM 模型中的队列、年龄和时期的随机效应。在每种情况下，随机效应都没有随时间变化的趋势。在分析中，与这些效应相关的任何线性成分都被其他两个因素所解释。因此，当在年龄和时期效应固定的情况下去解释泊松 APCMM 模型中与队列相关的方差（0.0843）时，此方差仅包含与队列的去趋势效应相关的方差，在去趋势之前的队列效应可能要大得多。同样重要的是，在解释这一分析的固定效应部分时，年龄和时期系数解释了队列中所有的线性趋势。请注意，在很大程度上，由于它们与被指定为随机效应因素的线性效应相混淆，我们并没有对分析中凶杀逮捕数据的固定效应进行检验。

我们可以从这些去趋势随机效应中了解到关于这些因素变化趋势的一些信息。例如，即使我们在图 5 - 5c 的随机时期效应中添加了一个正向或负向的趋势，那么最早的时期（通常）会显示出比最晚近时期相对更正向/不那么负向的凶杀犯罪变化趋势。对于队列（图 5 - 5a），我们（通常）可以得出相反的结论，即较早期队列的凶杀犯罪变化趋势不及较晚近队列的变化趋势正向。虽然我们可以从 APCMM 分析中绘制出固定效应，但这几乎没有实质意义，因为它们包含可能与随机效应相关的所有线性趋势，并且这些效应会因被选定为随机效应变量的不同而不同。

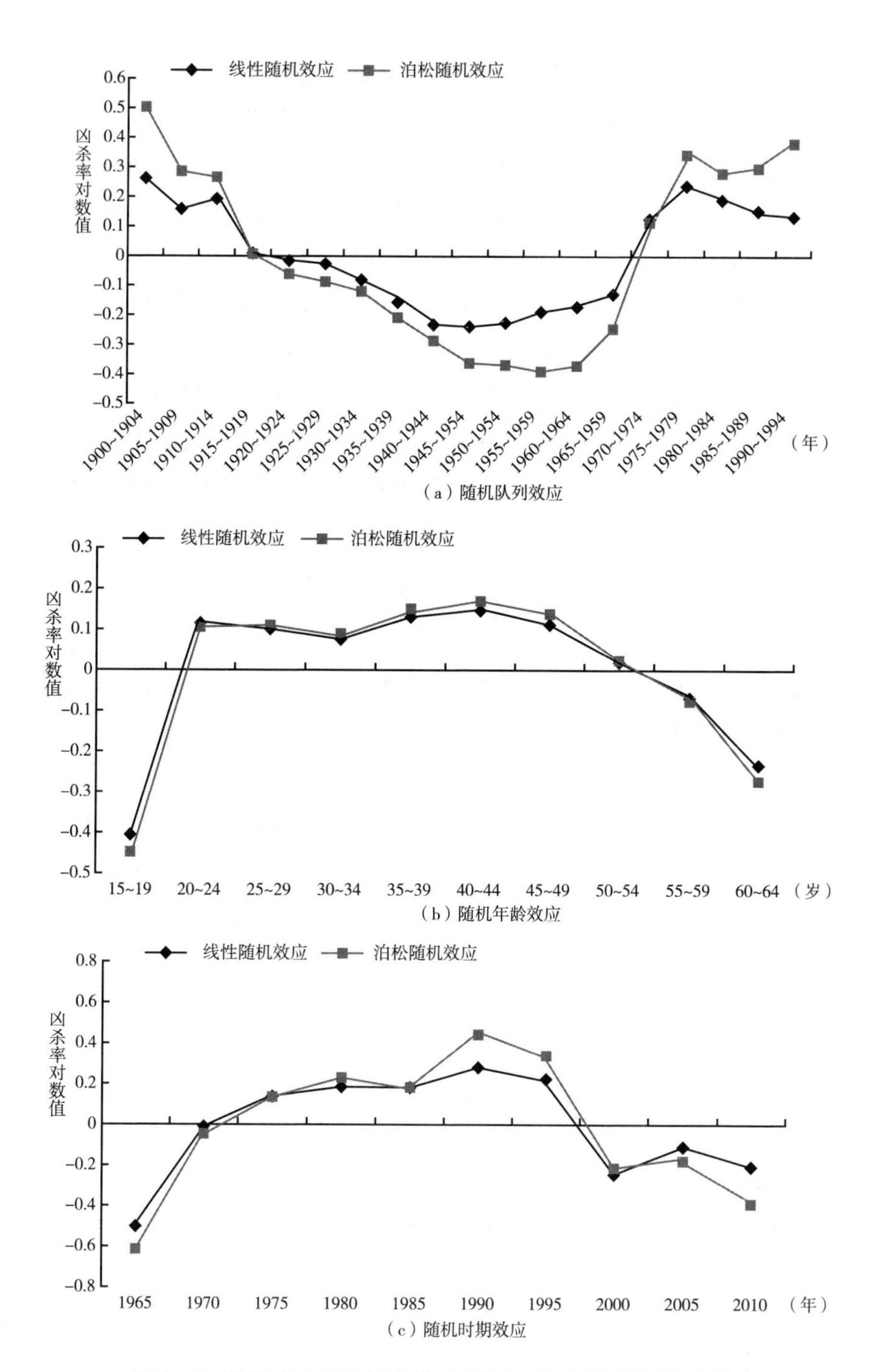

图 5－5　线性 APCMM 和泊松 APCMM 中凶杀犯罪的随机效应

APC ANOVA 法能够确定与队列特异相关的方差的比例，方差比例可以被 RCS 对数值和 NMB 对数值这两个队列特征所解释。我们通过计算［（R^2_{apcc} − R^2_{ap}）/（R^2_{apc} − R^2_{ap}）］×100 来确定与队列特异相关的方差的比例。有年龄、时期和队列特征的模型的下标符号是 *apcc*，*ap* 代表有年龄和时期因素的模型，*apc* 代表有年龄、时期和队列因素的模型（有一个恰好可识别的约束条件）。

为了达到与 APCMM 相同的队列划分（作为一个示例），我们指定队列为随机效应，而年龄和时期作为固定效应，输出结果报告与队列相关的随机方差，即与队列特异相关的方差。然后我们将 RCS 和 NMB 的对数值添加到模型中作为固定效应，这个模型的随机方差估计值是与队列随机效应相关的方差，其与队列特征无关。队列特征所解释的队列随机方差的比例可以根据下式计算：

$$1 - \left[\frac{v_{0k;cc}}{v_{0k}}\right]$$

其中，v_{ok}是在年龄和时期作为固定效应的模型中队列的随机方差，$v_{0k;cc}$是在年龄、时期和队列特征作为固定效应的模型中队列的随机方差。

当这些模型使用年龄－时期别凶杀犯罪的计数数据并使用泊松模型运行时，如果我们将年龄和时期作为固定效应，与队列相关的随机方差为 0.0843。当队列特征被添加作为固定效应时，与队列相关的随机方差减少到 0.0066。在泊松回归中，由两个队列特征解释的与队列特异相关的随机方差的比例为 92.17%［=1 −（0.0066/0.0843）］。

5.6 结论

方差分解，无论是通过 APC ANOVA 法还是通过 APCMM 法完成，都有许多问题尚未解决。但与此同时，它回答了关于年龄、时期和队列效应的一些重要问题。本章表明，可能存在重大的队列效应和/或时期效应和/或年龄效应，而这一测定结果并不依赖于所使用的约束条件。这些检验表明，结果变量生成参数的效应对结果值有显著的影响，因为在 APC ANOVA 法实例中，线性趋势效应的偏差是可估的，并且在 APCMM 法实例中，线性趋势效应的偏差是"近似可估的"，虽然严格来说并不可估。为了证明这一说法的合理性，我们需要注意，APCMM

法所评估的随机效应是不随时间变化的。

另一方面，分析不可能显示这些因素中的任何一个都没有显著的方差这一信息，这是因为任何与因素相关的线性趋势都是不可估的或者是“几乎不可估的”。一个因素可以不表现出线性偏差，因此，在方程中加入其他两个因素后，该因素与因变量的所有方差均无关。但对于结果变量生成参数而言，这个因素很有可能有一个很大的线性趋势，并且可以解释结果变量中具有统计学意义的方差。APC ANOVA 法和 APCMM 法对于特异方差的检验，对于检验一个因素是否能够解释因变量中的方差并不充要。

尽管随机效应线性偏差的潜在线性趋势是未知的，但我们可以从中了解所考虑的因素的相对趋势。如果 APCMM 分析中的队列随机效应从最早期队列开始下降，然后在中间队列开始上升直到最晚近队列，我们可以知道，无论这个因素的线性趋势是什么（在生成参数方面），第一组队列的斜率都要比第二组队列小。第二组队列的斜率可能为负值，但第一组队列的斜率可能为更小的负值。我们可以从这些去趋势偏差的因素中了解到相对趋势的一些信息。

一般来说，笔者不建议使用只包含两个因素的 OLS 回归或泊松回归分析来解释固定效应。基于同样的原因，笔者也不建议使用线性 APCMM 或泊松 APCMM 分析来解释固定效应。这些分析方法将第三个因素的任何趋势（不在回归分析中的因素或随机效应因素）归结到两个固定效应因素上。正如本章所提到的，这些固定效应可能随着被排除在回归分析之外的因素或被指定为随机变量的因素的改变而从根本上发生变化。

APCMM 模型的运行不需要约束条件，但在包含一个随机因素和两个固定效应因素的模型的解中，随机效应的趋势并不明显。[①] 考虑到这个约束条件，我们不能认为随机效应或者与其他两个因素相关的系数是对数据生成参数的无偏估计。除非真正的生成参数在研究人员指定为随机效应的因素上突然没有了任何线性趋势。在两个或三个 APC 因素被视为随机效应的模型中，APCMM 模型的运行也不需要任何约束条件。这就解决了统计识别问题，因为模型可以运行并在统计学上被识别。将这些模型作为 APC 识别问题的解决方案的问题在于，他们无法保证所产生的估计值是对因变量结果值生成参数的恰当估计。Stephen Fienberg（2013）最近在对《人口学》（*Demography*）杂志中的 APC 模型的一次评论中指

① 这是在第 2 章中引入的一种约束条件，即用于识别 APC 模型的零线性趋势（ZLT）约束。

出："因此，我注意到，当一个人脱离强有力的先验信息而通过随机效应改变模型时……他仍然是在强行改变模型。"

参考文献

Clayton, D., and Schifflers, E. 1987. Models for temporal variation in cancer rates Ⅱ: Age-period-cohort models. *Statistics in Medicine* 6: 469 - 81.

Federal Bureau of Investigation. Various years. *Crime in the United States*. Washington D. C.: Government Printing Office.

Fienberg, S. E. 2013. Some personal history with APC analysis. *Demography*, 50: 1981 - 85.

Hirschi, T., and M. Gottfredson. 1983. Age and the explanation of crime. *American Journal of Sociology* 3: 552 - 84.

Luo, L., and J. Hodges. 2013. The cross-classified age-period-cohort model as a constrained estimator. Presented at the annual meeting of the Population Association of America, April.

Martin, J. A., B. E. Hamilton, and S. J. Ventura, et al. 2012. Births: Final data for 2010. *National Vital Statistics Reports*, vol. 61, no, 1. Hyattsville, MD: National Center for Health Statistics.

O'Brien, R. M., K. Hudson, and J. Stockard. 2008. A mixed model estimation of age, period, and cohort effects. *Sociological Methods & Research* 36: 302 - 28.

O'Brien, R. M., and J. Stockard. 2009. Can cohort replacement explain changes in the relationship between age and homicide offending? *Journal of Quantitative Criminology* 25: 79 - 101.

O'Brien, R. M., J. Stockard, and L. Isaacson. 1999. The enduring effects of cohort characteristics on age-specific homicide rates: 1960 - 1995. *American Journal of Sociology* 104: 1061 - 95.

Osmond, C., and M. J. Gardner. 1989. Age, period, and cohort models: Non-overlapping cohorts don' t resolve the identification problem. *American Journal of Epidemiology* 129: 31 - 35.

Snijders, T. A. B. 2005. Fixed and random effects. In *Encyclopedia of Statistics in Behavioral Science*, vol. 2, eds. B. S. Everitt and D. C. Howell, 664 - 5. Chichester: Wiley.

Stata Corp. 2013. *Stata Statistical Software: Release* 13. College Station, TX: Stata Corp LP.

U. S. Bureau of the Census. Various years. Numbers 98, 114, 170, 519, 870, 1000, 1022, 1058, 1127, and for 1995 - 2010 online. *Current Population Surveys: Series*P - 25. Washington D. C.: Government Printing Office.

U. S. Bureau of the Census. 1946, 1990. *Vital Statistics of the United States: Natality*. Washington D. C.: Government Printing Office.

Yang, Y. 2011. Aging, cohorts, and methods. In *Handbook of Aging and the Social Sciences* (7th edition), eds. R. Binstock and L. K. George, 17 - 30. San Diego: Academic Press.

Yang, Y., and K. C. Land. 2006. Amixed models approach to the age-period-cohort analysis of repeated cross-section surveys, with applications to data on trends in verbal test scores. *Sociological Methodology* 36: 75-97.

Yang, Y., and K. C. Land. 2013. *Age-Period-Cohort Analysis: New Models, Methods, and Empirical Applications*. New York: Chapman & Hall.

Zheng, H., Y. Yang, and K. C. Land. 2011. Variance function regression in hierarchical age-period-cohort models: Applications to the study of self-reported health. *American Sociological Review* 76: 955-83.

因素－特征法

然而，需要牢记的一点是，这些模型（因素－特征模型）并不是真正的APC模型（尽管它们有时被称为APC模型），并不能解决年龄－时期－队列难题。

N. D. Glenn（2005：21）

6.1 引言

尽管无法估计年龄、时期、队列各自的系数，但在上一章笔者介绍了如何估计年龄、时期、队列的特异方差。另外，笔者也强烈建议不要把此类模型的固定效应作为产生结果变量参数的无偏估计。这些结论既适用于APC ANOVA（年龄－时期－队列方差分析法）和APCMM（年龄－时期－队列混合模型法），也适用于其他分层模型/混合模型方法。

在本章中，笔者采用了另一种策略来尝试估计年龄－时期－队列效应。这一策略使用年龄组和/或时期和/或队列的一个或多个特征来替换年龄－时期－队列中的一个或多个因素，进而打破这三个因素之间的线性依赖关系。比如，当结果变量是肺癌死亡率时，研究者可能会把每个队列中的各名成员在40岁前吸烟的平均年数作为测量各队列吸烟率的一个指标（Preston and Wang，2006）；当结果变量是自杀或凶杀时，可用各出生队列的相对规模（生育高峰队列与生育低谷队列）作为指标（O'Brien，Stockard，and Isaacson，1999；

Stockard and O'Brien，2002）；当结果变量是女性失业率时，可用各个时期的总失业率作为指标（Farkas，1977）。这些因素特征的使用打破了年龄、时期和队列之间的线性依赖关系。在这种情况下，如果时期和年龄已知，我们并不能确定相对应的队列规模变量值；或者，如果年龄和队列已知，我们也并不能确定该时期的失业率。

用该方法分析 APC 数据的一个优势在于，它为我们提供了一种“机制”，来帮助我们理解年龄和/或时期和/或队列因素是如何影响结果变量的。也就是说，尽管年龄、时期和队列的类别描述了这些类别与结果变量之间存在怎样的关系，但它们并不能解释为什么会有这种关系。如果分析发现，相对队列规模与年龄 - 时期别失业率或年龄 - 时期别平均初婚年龄或年龄 - 时期别凶杀率之间存在某种关系，我们便能更好地理解队列效应的形成机制。该方法的局限在于，用来描述某个因素的一个或多个特征不可能刻画出这个因素的全部效应。这是所有分析都会存在的一个问题，但这个问题在 APC 分析中尤为严重，因为如果这些特征不能刻画出某个因素的全部效应，那么据此确定的其他因素的效应将可能存在严重谬误。年龄、时期和队列因素之间的线性依赖关系意味着，如果这些特征不能刻画出某个因素的线性效应，那么其他因素也能解释这个因素的线性效应。

6.2 单因素特征

6.2.1 基本模型

文献中最常见的是使用单一特征描述一个因素的模型。在文献中，该特征往往是一个队列特征，如相对队列规模（Kahn and Mason，1987）、队列的铅暴露情况（McCall and Land，2004）或队列的吸烟行为（Preston and Wang，2006）。尽管 O'Brien、Stockard、Isaacson（1999）和 Savolainen（2000）使用过两个队列特征，且 Winship 和 Harding（2008）使用过多个特征来描述多个因素，但很少有研究人员使用一个以上的特征来代表一个因素。

表 6 - 1 展示了在有三个年龄、三个时期和五个队列时的截距、年龄、时期和队列因素的效应编码。将自变量列（age1，age2，…，coh4）中的任意一个自变量与其他列中的变量做回归分析，均可得出 R^2 = 1.00 的结果。这意味着，任

意一个分类变量和其他分类变量及截距之间都存在线性依赖关系。如果把相对队列规模［见表6－1中的相对队列规模（RCS）］与按照年龄和时期效应进行编码的变量做回归分析，则有 $R^2=0.48$，这意味着这一队列特征与其他两个因素之间不存在线性依赖关系。换言之，尽管回归分析中的所有数值均为已知，但自变量中的某个变量也无法决定其他自变量的数值。

表6－1　对3×3年龄－时期矩阵进行效应编码得到的年龄－时期－队列特征模型

年龄（岁）	时期（年）	队列（年）	RCS	X矩阵								
				截距	age1	age2	per1	per2	coh1	coh2	coh3	coh4
20～24	2000	1975～79	10.60	1	1	0	1	0	0	0	1	0
25～29	2000	1970～74	10.82	1	0	1	1	0	0	1	0	0
30～34	2000	1965～69	11.72	1	－1	－1	1	0	1	0	0	0
20～24	2005	1980～84	10.82	1	1	0	0	1	0	0	0	1
25～29	2005	1975～79	10.60	1	0	1	0	1	0	0	1	0
30～34	2005	1970～74	10.82	1	－1	－1	0	1	0	1	0	0
20～24	2010	1985～89	10.58	1	1	0	－1	－1	－1	－1	－1	－1
25～29	2010	1980～84	10.82	1	0	1	－1	－1	0	0	0	1
30～34	2010	1975～79	10.60	1	－1	－1	－1	－1	0	0	1	0

尽管可以用因素－特征模型来描述各个年龄特征、时期特征或队列特征，但具有两个队列特征的APC特征模型可以用方程（6－1）表示如下：

$$Y_{ij}=\mu+\alpha_i+\pi_j+\chi_1+\chi_2+\epsilon_{ij} \tag{6-1}$$

Y_{ij}是第 i 年龄组和第 j 时期的结果值，μ 是截距，α_i代表第 i 年龄组，π_j代表第 j 时期（年龄和时期效应编码的类别均各有一个参照类别），两个队列特征的系数用χ_1和χ_2表示。随机误差项用ϵ_{ij}表示且均值为0。和第2章一样，本章的讨论内容包括广义线性模型。

这个模型也可以用矩阵符号表示如下：

$$y=Xb+\epsilon \tag{6-2}$$

其中，y 是结果值的 $I\times J$ 向量，X 是自变量（包括截距）的矩阵，ϵ 是残差或误差项的 $I\times J$ 向量。因为 X 的各列并不存在线性依赖关系，所以这个模型不存在统计识别问题。从几何角度来看，各超平面相交于某一点。有一种观点认为，运用年龄组和/或时期和/或队列的特征可以解决 APC 模型的统计识别问题，但另一种观点则不这么认为。这个模型在统计学意义上解决了模型的识别问题，即模型识别并不需要明确的约束条件。像其他许多回归模型一样，该模型存在一个因变量、多个虚拟变量以及一个或多个连续型自变量。但正如我们所见，这个 APC 模型的特别之处在于，假如我们舍去其中一个因素，该因素的线性效应会被其他因素所“吸纳”（参见第 5 章）。有人会说这只是一个简单的设定误差，但是在 APC 模型中，这个被舍去的因素的线性效应则是完全混杂的。在因素 - 特征模型中，如果特征不能解释它们所代表的因素的线性效应，那么这些线性效应将会被纳入其他两个因素中。[①]

研究者通常不会用一个特征来表示除队列以外的某个因素，不过 Farkas（1977）在研究女性的年龄 - 时期别失业率时却使用了时期总失业率这一特征。这个模型可以用类似于方程（6 - 1）的形式来表示，笔者在方程（6 - 3）中用到了两个时期特征：

$$Y_{ij} = \mu + \alpha_i + \pi_j + \pi_2 + c_k + \epsilon_{ij} \qquad (6-3)$$

这个方程同样存在与方程（6 - 1）一样的问题。如果时期特征不能解释时期的线性效应，那么年龄和队列的虚拟变量将会吸纳这些线性效应，从而产生年龄、时期和队列效应的有偏估计。这一问题同样也存在于“时期 - 队列 - 年龄特征模型”中。

6.2.2 线性依赖关系的确定问题

年龄、时期和队列效应的线性依赖关系如下所示（Rodgers，1982：782），笔者采用下述公式将这种关联表述为：

$$t_a^* = t_a + k$$

---

① 笔者的观点和 Glenn（2005：21 - 22）的不同之处在于，他认为当用特征来表示某个因素时，要估计出被划为不同类型的其他两个因素会存在一些问题。笔者强调说，因素特征是有意义的，而被划为不同类型的因素是没有意义的，且用因素特征来描述该因素的线性效应会存在一些问题。笔者基本上同意 Glenn 关于特征意义的说法，但笔者认为我们有必要用这些特征来刻画各因素的线性效应。原因有两点：（1）如果我们很好地描述出这些线性效应，那么便可以更好地估计出被划为不同类型的各因素的效应；（2）由因素特征度量的线性成分可能是非常重要的。Glenn 和笔者都认识到了多重共线性的问题。

$$t_p^* = t_p - k$$

$$t_c^* = t_c + k \qquad (6-4)$$

这里，t_a、t_p和t_c是系数在某种约束条件下的线性趋势，而t_a^*、t_p^*和t_c^*则是系数在另一种约束条件下的线性趋势。[①] 如果初始解中的t_a是年龄效应的线性趋势，并且新解中的t_a^*的斜率比t_a大 k 个单位，那么新解中的时期效应的线性趋势（t_p^*）的斜率就会比初始解中的t_p小 k 个单位，且新解中的队列效应的线性趋势（t_c^*）的斜率会比初始解中的t_c大 k 个单位。如果约束条件发生改变，那么所有因素的所有系数的斜率都会以这种系统性的方式发生改变。

这种关联通常有助于理解 APC 分析，并且可能对本章提到的因素－特征法有着更为重要的意义。关于 APC 的识别问题，我们有时会建议把三个因素中的某一个因素从分析中舍去。这样处理可能是出于理论/实际原因，也可能是因为将两个或三个因素代入方程里对于模型的拟合度并无影响。依据在于，第三个因素对于模型的拟合度并没有任何帮助，因此是不必要的。在将某个因素从分析中舍去时应确保代入方程的两个因素可以解释第三个因素的线性效应。此时，在方程中加入第三个因素时，留给这个因素去解释的方差就是其自身效应与其系数的线性趋势之间的偏差。

方程（6－4）说明了为什么模型中的两个因素可以吸纳另一个被舍去的因素的所有线性效应。无论是年龄、时期和队列效应被编码为线性变量还是分类变量，该规律都适用。假设时期因素的数据生成参数系数的斜率（随时间变化的趋势）为 2.0，但研究者出于理论/实际原因把时期因素的斜率设为 0 或者把时期因素从分析中舍去[②]，那么新的年龄因素的线性趋势的斜率将会比数据生成参数系数的斜率大 2.0，且新的队列因素的线性趋势的斜率也会比数据生成参数系数的斜率大 2.0。也就是说，个体年龄和队列系数会相应地产生偏差。

当用一个或多个特征来描述某个因素时，情况会稍有不同，因为此时这

---

① 在第 4 章里，我们把t_a、t_a和t_c看作初始解的斜率，而新解的斜率是$t_a + s\ (v_{2a} - v_{1a})$、$t_p + s\ (v_{2p} - v_{1p})$ 和$t_c + s\ (v_{2c} - v_{1c})$。各相邻零向量元素间的距离大小相同，年龄和队列的零向量元素的趋势方向相同，但二者与时期的零向量元素的趋势方向相反。如果我们把新解中的附加元素的大小（绝对值）表示为 k，就可以得到方程（6－4）。

② 正如在第 2 章中指出的，当在分析中不包含时期因素时，我们不会为了时期系数与线性趋势的偏差而控制其他两个因素之间的关系。此时，时期的线性效应被另外两个因素吸收。如果我们用零线性趋势约束条件把时期的线性趋势设定为零，那么我们便可以控制时期效应线性趋势的偏差，此时其他两个因素便吸收了时期的所有线性效应。

个因素的趋势并不为零。比如，当被选择的是关于队列的特征时，如果队列特征能刻画出产生结果值的队列参数的线性效应，那么年龄和时期的估计值便可以反映产生结果值的年龄和时期参数（至少能反映它们的趋势）。如果这些特征能大致刻画出队列的真实趋势，那么年龄和时期效应便不能解释队列的线性效应。遗憾的是，假如不借助外部信息（实际知识），我们便无法评估队列特征在多大程度上刻画出了产生结果值的队列参数的线性趋势。[①]

6.3 双因素或多因素的特征

在APC模型中，对双因素或多因素进行特征建模的模型几乎是闻所未闻。笔者所知道的唯一的一个例子是 Winship 和 Harding（2008）的模型，他们使用了结构方程模型法并且把他们的方法应用在 Pearl（2000）的因果分析框架中。在模型中，Winship 和 Harding 使用了多个因素的多个特征。他们提倡找出年龄、时期和队列运作的内在机制（特征），并声称“把这些变量加到模型里通常会使模型识别成为可能”（2008：363）。重要的是，他们还表示“一般来说，有必要仅利用一个 APC 变量来完全说明该机制”。这一论述和上一节的看法一致，即如果研究者能够完全辨识出 APC 因素中某个因素的线性和非线性效应，那么他便可以正确地辨识出整个模型。

尽管 Winship 和 Harding（2008）的模型很有吸引力，但笔者不会为他们的模型提供一个实证案例。相反，笔者会遵照因素 - 特征法的逻辑，给出一个包含多个因素的因素 - 特征模型的实证案例。如此一来，我们不仅可以深刻了解这些模型的优缺点，还可以将这些模型纳入本章的一般框架而非结构方程模型框架中。

正如前文所述，因素 - 特征法有两个优点。一方面，这个模型在统计学上可以被识别；另一方面，正如 Winship 和 Harding（2008）指出的，这个方法可以清楚地呈现使得时期和队列（在本例中）有意义的“机制”并测量其效应。如

① 即使研究者能找到某些特征，且就那些产生结果变量的系数的趋势而言，这些特征能够正确地估计出该因素系数中的线性效应，他也无法得出其他两个因素系数生成参数的“完全”无偏估计。想要达到这一点，需要有一些既能正确描述队列线性效应又能正确描述队列非线性效应的队列特征。需要注意的是，当使用年龄、时期和队列的分类变量时，因素 - 特征的解并不是解集线上的一个最优拟合解。

果某人想要使用包含了时期和队列特征的模型来估计年龄效应（例如），那么问题在于，用特征变量而非分类变量描述的两个因素可能仅反映并控制了部分时期和队列效应。在这种情况下，我们便无法准确地测量年龄效应。有人可能会说，APC 分析人员对这一问题的探索是徒劳的（Glenn，1976），例如，分析人员无法得到控制时期和队列效应后的年龄分布。另一方面，这看起来并不像是一个荒诞的问题。正如最后一章中所显示的，很多研究人员希望通过实证分析来逼近这类问题的答案。

6.4 因素和因素特征的方差分解

正如第 5 章所述，当模型中只存在三个因素（年龄、时期和队列）中的两个时，这两个因素不仅可以解释它们自己的方差，也可以解释在第三个因素的系数和因变量之间的线性关系中存在的所有方差。本节将着重探讨如何评估第三个因素的特征在多大程度上可以解释这个特异方差。接下来，笔者将介绍最简单的方差分解方式（因为这段材料中有些内容在第 5 章中已经讨论过，所以这里的描述会比较简略）。

研究者运行了一个包含三个因素的所有分类变量的约束回归模型，该模型通过对年龄、时期和队列进行编码来尽可能地拟合数据。包含恰好识别约束条件的所有模型的 R^2 均相同。随后，研究者再仅代入两个因素来运行该模型，此时可以用这两种模型的 R^2 的差值来估计第三个因素所解释的因变量的特异方差。由于与第三个因素的线性趋势有关的所有方差都可以被另外两个因素所解释，因此被第三个因素所解释的这一额外方差被称为这一因素所解释的特异方差。该特异方差和所谓第二类平方和有关。最后，将第三个因素的特征代入这个双因素模型中并运行这个模型，此时 R^2 是确定的。例如，用队列特征来对队列因素进行编码，那么队列特征解释的特异方差占队列总方差的百分比为：

$$[(R^2_{apcc} - R^2_{ap})/(R^2_{apc} - R^2_{ap})] \times 100 \qquad (6-5)$$

其中，*apc* 代表有年龄、时期、队列分类变量的模型；*ap* 代表有年龄和时期分类变量的模型；*apcc* 代表有年龄和时期分类变量以及队列特征的模型。

6.5　实证案例：年龄－时期别自杀率和频数

该实证案例使用的数据为美国10～14岁至70～74岁年龄组和1930～2010年的年龄－时期别自杀率（和人数）。相对队列规模和由未婚母亲所生的出生队列所占的百分比被用作队列特征。Stokard和O'Brien（2002b）曾用这两个队列特征来研究自杀率（不包括2005年和2010年两个时期）。他们指出，这两个特征与年龄－时期别自杀率呈正相关关系。这里我们不会一一细说他们的整个内在逻辑或大量文献资料。他们的整体理论框架强调社会融合和社会规范。相对队列规模（RCS）描述的是与几个早期队列相比，出生于某个队列的群体的规模如何。从某种意义来说，RCS可以衡量某个队列是属于生育高峰期还是生育低谷期。相对规模较大的队列一般会处于劣势地位。例如，他们成长在这样一个环境下：抚养每个小孩的成年人更少，班级人数更多，可供每位初职者选择的入门级工作更少，并且这代人往往晚婚（Easterlin，1978，1987；O'Brien，1989）。

非婚生育数（NMB）可用于测量未婚母亲所生的孩子占整个出生队列的比例。笔者更希望能够得到孩子们从出生到10岁或12岁期间生活在单亲环境中的平均年数的数据，但最终未能找到这些数据。有实证数据表明，非婚生育数和在单亲家庭长大的孩子数存在高度相关。① Stokard和O'Brien（2002a）声称，单亲家庭的家庭资源可能更少，对孩子的监护和看管也可能更少，单亲家庭的孩子更可能在贫穷的环境里长大，医疗保健条件更差，并且生活社区的安全性也更差。基于这些及其他原因，笔者认为非婚生育比例更大的队列的自杀率可能更高。

在下面的因素－特征模型中，笔者以美国1930年、1935年……2010年时期

① Savolainen（2000）把家庭结构换成了“在时间跨度为5年的队列中，生活在单亲家庭的5～9岁的小孩所占的比例”（2000：125）。Savolainen利用插值法从公共微观户口普查数据库中得到了1910年、1940年、1960年、1970年、1980年和1990年的数据。他需要在1911～1939年进行插值，同时也需要对时间跨度为10年的其他年份进行插值。尽管Savolainen得到的结果与基于每个队列中未婚母亲所生小孩的比例得到的结果不同，但二者高度相关（$r=0.98$）。更令人印象深刻的是，对这两项测量结果进行一阶差分发现，二者相关系数为0.90；也就是说，在这个实例中，基于单亲家庭数据变化得到的结果与基于NMB（非婚生育数）变化得到的结果高度相关（Savolainen为Jean Stokard和笔者提供了他的测量结果）。

和10～14岁、15～19岁……70～74岁年龄组，即年龄－时期别自杀率和自杀人数作为因变量。在这些年龄跨度为5岁的年龄组和时间间隔为5年的时期中，最早期队列中的群体出生于1915～1919年，最晚近队列中的群体出生于1995～1999年。之所以未能将最早期队列继续往前推移，是因为美国常住人口非婚生育数最早的统计数据仅可追溯至出生于1915～1919年的群体。在该队列中仅可以找到1917年、1918年和1919年这三年的数据。这就解释了表6－2所描述的数据是如何形成的。

表6－2是一张缺少几个年龄－时期别记录的年龄－时期表格。因为无法获得1930年时年龄为15～19岁或者更大的群体中的非婚生育数的数据，所以这张表格中没有包含那些群体的年龄－时期别自杀率。这些缺失的数据不会改变年龄、时期和队列三者间的线性依赖关系。如果时期和年龄组的数据已知，那么我们便可以知道哪个队列和表中的观测值相关。年龄、时期和队列的解所在的解集线可表示为$b_c^0 = b_{c1}^0 + sv$，其中截距的零向量元素为6.0。由表6－2可知，每10万居民的年龄－时期别自杀率如下：1930年，10～14岁居民的自杀率为0.41/10万；1990年，50～54岁居民的自杀率为14.70/10万。作为时期特征的特定时期的失业率数据位于相应时期列的底部。表6－2的底部还列有作为队列特征的相对队列规模和非婚母亲生育数的占比，与相应队列一一对应。在所有分析中，笔者对年龄、时期和队列均进行了效应编码，并且在所有分析模型中都将缺失了NBM数据的观测值作为缺失值。如此一来，便可确保我们所有的分析均使用相同的数据，并且把前12个队列的数据也视为缺失值。[①]

表6－3显示了年龄－时期别人口数量（以千人为单位），这些数据是统计自杀率的基础。根据这些数据，我们便可以计算出每个年龄－时期别内的自杀人数，然后进行泊松分析。计算每个单元格中自杀人数的公式为：自杀人数＝（每10万人自杀率×人口数/1000）/100。

尽管年龄－时期别的观测值缺失了将近一半，但最小二乘解/最优拟合解在多元空间中仍位于一条解集线上。也就是说，不同恰好可识别的约束条件会产生具有不同估计系数的模型，不过这些都是最优拟合解，这是因为X矩

① 需要说明的是，如果NMB数值缺失，则个案缺失，在运行STATA的回归程序（StataCorp，2013）进行分析时就省略cohort1-12。

阵的秩亏为1。无论用来识别模型的约束条件是什么，y 的预测值和其他可估函数都不变。

1930～1995 年的自杀率数据（多年）由美国卫生、教育与福利部提供，最后 3 个时期（2000 年、2005 年、2010 年）的数据则取自美国疾病预防控制中心（2012）的在线项目 CDC WONDER。相对队列规模表示，在队列处于 10～14 岁时，10～14 岁的美国常住人口占 10～59 岁总人口的比例。笔者本想以“15～19 岁的美国常住人口占 15～64 岁总人口的比例作为相对队列规模”，但这样的话必须舍去最晚近队列的一个观测值，否则使用了该观测值的这个相对队列规模便会和其他队列不同。[①] 然而，从时间趋势上看，采用上述两种测量方法得出的相对队列规模（RCS）十分相似。该测量值是基于普查数据（U. S. Bureau of the Census，不同年份）计算得出的，而最近几个时期（2000 年、2005 年和 2010 年）的数据则来自美国疾病预防控制中心（2012）的在线项目 CDC WONDER。第二个队列特征选取的是存活的非婚生育子女数在队列总人数中的占比。这些数据来自《人口统计》（U. S. Bureau of the Census，1946，1990），而最晚近队列（1990～1994 年和 1995～1999 年）的非婚生育数据则来自 Martin 等（2012）。例如，在 1930～1934 年出生的非婚生育数的占比是通过计算 1930 年、1931 年、1932 年、1933 年和 1934 年的非婚生育数的占比的平均值得出的。[②] 时期特征选取的是劳动力中失业人口的比例，这些数据包含了 1930 年、1935 年……2010 年时期的资料。基于联邦政府的数据（参见该报告第 216 页的表 1 所引述的源数据），国家经济研究局的一份关于年度失业率的报告（Lebergott，1957）提供了 1930～1945 年的失业数据。截至 1948 年，联邦政府报告的是 14 岁及以上人口的失业数据，1948 年后，联邦政府改为报告 16 岁及以上人口的失业数据。1950～2010 年的失业率数据来自劳工统计局（2013），该部门统计的也是 16 岁及以上人口的失业数据。[③]

---

① 2010 年的数据里，并无出生于 1995～1999 年且年龄在 15～19 岁的群体的资料。

② 其中，在 1915～1919 年队列中，并不是所有年份都有 NMB 数据。这个队列中仅有 1917 年、1918 年和 1919 年存在 NMB 数据；因此，笔者采用了这三年的 NMB 的均值。

③ 本段中引用的数据来源与 1948～1954 年的失业率估计值存在重叠。这些数据来源对失业率估计的不同之处在于 0.75% 这个数据，有些数据来源将“14 岁及以上人口的年均失业率高于平均值，且差距为 0.75%”替换成了“14 岁及以上人口的年均失业率比平均值高 0.75%”。

表 6-2　年龄-时期别中每 10 万人的自杀率以及时期和队列特征值

年龄（岁）	时期（年）																
	1930	1935	1940	1945	1950	1955	1960	1965	1970	1975	1980	1985	1990	1995	2000	2005	2010
10～14	0.41	0.43	0.41	0.45	0.33	0.28	0.50	0.50	0.60	0.80	0.80	1.60	1.50	1.70	1.51	1.27	1.29
15～19		4.28	3.52	2.79	2.67	2.58	3.60	4.00	5.90	7.60	8.50	10.00	11.10	10.50	8.15	7.51	7.53
20～24			8.85	6.99	6.24	5.52	7.10	8.90	12.20	16.50	16.10	15.60	15.10	16.20	12.84	12.40	13.63
25～29				8.65	8.09	7.90	9.00	11.30	13.90	16.50	16.50	15.60	15.00	15.20	13.11	12.17	14.22
30～34					10.10	8.91	10.90	13.30	14.30	16.20	15.30	14.90	15.40	15.60	12.52	13.25	13.70
35～39						10.48	13.20	15.80	15.90	16.20	15.40	14.30	15.60	15.00	13.97	13.91	15.28
40～44							15.20	17.50	17.80	18.60	15.30	14.90	14.90	15.50	15.25	16.11	16.69
45～49								18.70	19.50	19.90	15.30	15.50	15.00	14.70	15.01	16.79	19.25
50～54									20.50	20.20	16.40	15.80	14.70	14.50	14.20	16.07	19.85
55～59										20.60	16.30	17.00	16.10	12.90	12.83	14.15	19.12
60～64											15.50	16.30	15.90	13.60	11.60	13.19	15.60
65～69												16.80	16.60	14.50	11.38	11.66	13.66
70～74													19.60	17.30	13.94	13.32	13.75
失业率	8.9	20.1	14.6	1.9	5.2	4.4	5.5	4.5	5	8.5	7.2	7.2	5.6	5.6	4.0	5.1	9.6

队列（年）	RCS	NMB	队列（年）	RCS	NMB	队列（年）	RCS	NMB
1915～1919	13.59	2.10	1945～1949	14.47	3.82	1975～1979	10.07	5.59
1920～1924	13.33	2.57	1950～1954	14.96	4.06	1980～1984	10.40	19.61
1925～1929	12.09	2.93	1955～1959	15.10	4.82	1985～1989	10.49	24.54
1930～1934	11.62	3.92	1960～1964	13.80	5.99	1990～1994	10.09	25.20
1935～1939	10.80	4.08	1965～1969	11.52	8.97	1995～1999	9.65	32.56
1940～1944	12.34	3.63	1970～1974	10.40	12.11			

表 6－3 年龄－时期别的人口数量估计值（以千人为单位）（用于泊松模型的资料）

年龄（岁）	时期（年）																
	1930	1935	1940	1945	1950	1955	1960	1965	1970	1975	1980	1985	1990	1995	2000	2005	2010
10～14	12040	12424	11715	10777	11144	13342	16925	19049	20853	20646	18236	17101	17191	18798	20620	20858	20395
15～19		11813	12320	10832	10600	11029	13326	16922	19231	21223	21104	19552	17754	18165	20262	21039	21770
20～24			11611	9287	11446	10310	10868	13404	16579	19317	21380	21000	19131	18136	19126	21038	21779
25～29				9784	12234	11600	10823	11226	13604	17183	19697	21758	21229	19017	19306	20066	21418
30～34					11550	12315	11905	11040	11505	14131	17754	20269	21907	21892	20540	20077	20400
35～39						11546	12481	11952	11079	11585	14080	17708	19976	22331	22660	21002	20267
40～44							11639	12391	11961	11175	11726	14055	17789	20273	22524	22861	21010
45～49								11360	12138	11778	11048	11646	13819	17469	20222	22485	22596
50～54									11161	11971	11698	10943	11367	13648	17775	19998	22109
55～59										10646	11616	11341	10473	11092	13559	17354	19517
60～64											10145	10994	10618	10049	10857	13002	16758
65～69												9432	10077	9922	9518	10131	12261
70～74													8021	8826	8852	8508	9202

6.6 对具有两个队列特征的自杀数据进行年龄－时期－队列特征（APCC）分析

表6－4展示了具有两个队列特征的APCC模型的分析结果。[①] 这样做主要是为了说明如何通过严谨的结果分析得出一些具有实质意义的信息。在本次分析中，笔者建议研究人员应当主要关注队列特征，包括它们的大小、方向、统计学意义以及该特征能够在多大程度上解释与队列相关的特异方差。在表6－4（左边几列）给出的普通最小二乘法（OLS）分析中，因变量选取的是年龄－时期别每10万人自杀率的对数值。在OLS分析中，这两个队列特征都具有统计学意义（$p<0.001$）。正如假设条件所言，二者均为正数，且因变量和自变量都取了对数，所以它们可以被解释为弹性。非婚生育数的系数可以解释为：在控制了模型中其他自变量后，非婚生育数占比每提高1%，年龄－时期别自杀率就会提高0.975%。相对队列规模的系数可以解释为：在控制了模型中其他自变量后，相对队列规模每上升1%，年龄－时期别自杀率就会上升1.355%。这两个特征解释了约60%的与队列相关的特异方差。[②]

前述结果相当重要并且具有实质意义。这两个队列特征可以在很大程度上解释与队列相关的自杀率的方差，且这种关系具有统计学意义。重要的是，这个模型控制了队列特征对年龄和时期的影响。表6－4中的其他回归系数的实际意义可能并不大，因此需要谨慎解释其含义。“实际意义不大”的主要原因在于这些系数未必是控制了队列的线性效应后的系数。

表6－4中的左边一栏是年龄－时期（AP）模型的OLS结果。通过观察可发现，APCC模型中年龄效应的斜率比AP模型中年龄效应的斜率更大。APCC模型

---

① 在本章的分析中，每10万人年龄－时期别自杀率的对数值被作为OLS分析的因变量。在泊松回归分析中，年龄－时期别自杀频数被作为因变量，而年龄－时期别人群数则作为暴露。

② 与队列相关的特异方差占比为1.46%，这一数值由含单一约束条件的包括年龄、时期和队列效应的模型的 R^2（0.9839）减去仅含有年龄和时期效应的模型的 R^2（0.9693）得到，即 $0.9839-0.9693=0.0146$。包含这两个队列特征、年龄和时期的模型的 R^2 为0.9780，所以这些队列特征解释的 R^2 为0.0087（$=0.9780-0.9693$）。队列特征所解释的与队列相关的特异方差的比例为59.59%［$=(0.0087/0.0146)\times100$］。

表 6 - 4　年龄 - 时期别自杀率和自杀人数的年龄 - 时期分析和年龄 - 时期 - 队列特征分析

自变量	普通最小二乘法		泊松回归	
	AP 模型	APCC 模型	AP 模型	APCC 模型
10 ~ 14 岁	-2.510***	-3.323***	-2.410***	-2.834***
15 ~ 19 岁	-0.482***	-1.157***	-0.437***	-0.790***
20 ~ 24 岁	0.162**	-0.379***	0.152***	-0.131***
25 ~ 29 岁	0.245***	-0.149*	0.197***	-0.005
30 ~ 34 岁	0.282***	0.031	0.214***	0.089***
35 - 39 岁	0.325***	0.209***	0.260***	0.202***
40 ~ 44 岁	0.371***	0.386***	0.329***	0.334***
45 ~ 49 岁	0.373***	0.518***	0.363***	0.431***
50 ~ 54 岁	0.340***	0.613***	0.352***	0.486***
55 ~ 59 岁	0.280***	0.685***	0.301***	0.509***
60 ~ 64 岁	0.191*	0.722***	0.208***	0.485***
65 ~ 69 岁	0.155	0.815***	0.180***	0.531***
70 ~ 74 岁	0.268 Ref+	1.029 Ref+	0.290 Ref+	0.691 Ref+
1930 年	-0.553**	0.452*	-0.701***	-0.179
1935 年	-0.357*	0.494**	-0.355***	0.093
1940 年	-0.371**	0.385*	-0.309***	0.068*
1945 年	-0.438***	0.177	-0.418***	-0.101***
1950 年	-0.480***	0.033	-0.366***	-0.113***
1955 年	-0.504***	-0.092	-0.361***	-0.166***
1960 年	-0.158*	0.125	-0.077***	0.067***
1965 年	0.046	0.203**	0.130***	0.212***
1970 年	0.235*	0.260***	0.268***	0.282***
1975 年	0.390***	0。287***	0.392***	0.336***
1980 年	0.306***	0.073	0.301***	0.177***
1985 年	0.382***	0.017	0.303***	0.113***
1990 年	0.386***	-0.114	0.303***	0.048**
1995 年	0.347***	-0.292**	0.265***	-0.055**
2000 年	0.195**	-0.589***	0.144***	-0.247***
2005 年	0.232***	-0.695***	0.177***	-0.293***
2010 年	0.342 Ref+	-0.724 Ref+	0.303 Ref+	-0.242 Ref+
NMB 对数值		0.975***		0.517***
RCS 对数值		1.355***		0.926***
截距	2.164***	-4.532***	-2.394***	-6.481***

* $p < 0.05$，** $p < 0.01$，*** $p < 0.001$。

+ 标 Ref 的系数为各模型中年龄和时期的参照类别。

中年龄效应的斜率为0.244，而AP模型则为0.111，即当我们从AP模型转到APCC模型时，斜率增大了0.133。对时期效应而言，从AP模型转到APCC模型时，时期效应的斜率减小了0.128（= -0.064 -0.064），队列效应的斜率增大了0.142。[①] 这些变化方向和大小都和方程（6-4）所示方向和大小类似，这并非一个巧合。

方程（6-4）为拥有无穷多个解的恰好可识别的APC模型描绘了年龄趋势、时期趋势和队列趋势之间的关系。该方程对于恰好可识别的APC模型来说是完全准确的；年龄效应的斜率变化与队列效应的斜率变化完全相同，且队列效应的斜率变化与时期效应的斜率变化大小相同但方向相反。当用队列特征而非队列分类变量来估计队列效应时，也会大致会出现这样的情况。基于两个队列特征的队列效应随时间变化的斜率为0.142。也就是说，将队列特征加入模型中后，队列的斜率将会从0变为0.142。把队列特征加到AP模型里会使年龄效应的斜率增大0.133，而时期效应的斜率则会减小0.128。

APCC模型中年龄和时期效应估计值的有效性如何？笔者认为，只要模型中的队列特征能够为产生结果数据的参数刻画出队列效应的线性效应，那么这些估计值通常是有效的。但是，要评估队列特征是否刻画出这些线性效应存在一定困难。即使队列特征能够完全解释首次使用AP模型时队列效应可以解释的方差，队列特征能够解释的也仅仅是任何队列效应中偏离线性趋势的部分。通过该方法计算得到的这个方差并不能说明队列特征是否解释了队列的线性效应。第7章提出了一个APCC模型，在此基础上我们可以根据客观因素为因变量设定一个特定的年龄分布。在AP模型中加入队列特征也可以得到一个能较好符合此类真实期望的年龄分布。这就在一定程度上解释了为何这些队列特征至少能够刻画出队列的部分线性效应。

APCC分析的哪些部分可以看作有实质意义呢？OLS分析在多大程度上和泊松回归分析相同？通过观察表6-4的结果可知，NMB和RCS对数值的泊松回归系数均具有统计学意义（$p<0.001$）。NMB对数值的系数为0.517，其可以被看

① 基于两个队列特征来计算队列效应斜率的方法是：每个队列NMB的对数值和RCS的对数值都乘上它们各自的系数估计值并相加，便可得到每个队列的队列效应估计值。随后可计算得出从最早期到最晚近队列的队列效应斜率，即0.142。

作一个弹性数值，因为这个自变量取了对数，且泊松回归分析所采用的链接函数也是取对数后的链接函数。在控制了该模型中其他自变量后，NMB 每增减 1%，年龄 - 时期别预期自杀频数将会增减 0.517%；RCS 每增减 1%，年龄 - 时期别预期自杀频数则会增减 0.926%。尽管 OLS 和泊松回归分析的弹性不一样，① 但都可以解释成自变量每变化 1% 时结果变量变化的百分比。把这两个队列特征加到 AP 模型中后，意味着模型匹配度提升的似然比卡方值为 636.08，且自由度为 2（$p<0.001$）。这两个队列特征明显提升了模型拟合度，且它们都控制了分类编码的年龄和时期效应变量。如此一来，我们便可以有效控制年龄和时期效应。

同样，产生结果数据参数的年龄和时期系数之间的关系也存在一些疑问。似乎 APCC 模型中年龄系数的正斜率比 AP 模型中年龄系数的正斜率更大。假如产生结果数据的参数也有这样一个年龄系数且它的正斜率比 AP 模型中的系数的斜率更大，那就不成问题了。现在的问题是，当这个模型里有两个队列特征时，队列斜率是否和产生结果值的参数的斜率相似？在 AP 模型中队列的斜率为 0，在 APCC 泊松回归模型中，由两个队列特征估计得到的随时间变化的队列效应的斜率为 0.072。AP 模型中年龄效应的斜率与 APCC 模型中年龄效应的斜率之间的差值为 0.069。不出所料，年龄效应斜率的变化和队列效应斜率的变化均为正向的，但时期效应斜率的变化则为负向的，变化值为 -0.065。同样，这些斜率变化的绝对值大致相等。

6.7 对具有两个时期特征的自杀数据进行年龄 - 队列 - 时期特征（ACPC）分析

本节介绍的年龄 - 队列 - 时期特征（ACPC）模型可能不如上述 APCC 模型引人注目。虽然笔者确实预期在特定时期内的失业率和年龄 - 时期别自杀率呈正相关关系，但笔者并不期望它可以解释大部分时期效应。例如，由于越南战争是一场使这个国家严重分裂并伴随剧烈社会动荡的战争，我们可以将越战时期作为虚拟变量加入这个模型中。作为解释变量，它可能和自杀率呈正相关关

① OLS 和泊松分析得出的相对队列规模的置信区间重叠了，但非婚生育数的置信区间没有重叠。

系。在该变量中，我们将 1965 年、1970 年和 1975 年这三个时期编码为 1，其余时期编码为 0。

同样，这一方法的重点是考察能从 ACPC 模型里得出什么可信的结论。表 6－5 的 OLS 分析结果表明，在控制了模型中其他自变量后，特定时期的失业率每提高 1%，年龄－时期别自杀率就会提高 0.126%（$p<0.05$）。越南战争时期这一虚拟变量和年龄－时期别自杀率呈高度正相关。越南战争时期，年龄－时期别自杀率的对数值增大了 0.298（$p<0.001$）。重点是这些时期特征的关系是在年龄和队列效应被控制之后的关系。至于解释的方差，有一个约束条件的 APC 全模型共解释了年龄－时期别自杀率对数值 98.39% 的方差。年龄－队列（AC）模型解释了 94.93% 的方差，而 ACPC 模型解释了 96.24% 的方差。两个时期特征所解释的与时期相关的特异方差占比为 37.86% $\{=[(96.24-94.93)/(98.39-94.93)]\times 100\}$。

通过比较 ACPC 模型和 AC 模型的结果我们会发现，这两个模型中的年龄系数和队列系数很相似。这一点很好理解，因为根据两个时期特征得出的时期斜率仅为 －0.0026，这意味着时期效应的斜率从 AC 模型中的 0 变为 ACPC 模型里的 －0.0026，这两个斜率几乎相同。同样，问题是这个斜率是否可以代表产生结果变量的时期效应的斜率？如果是的话，我们便可以放心地用年龄和队列的估计值来表示生成结果值的参数。因为通过时期特征估计的时期效应的斜率只有微小的变化，所以从 AC 模型到 ACPC 模型的过程中，年龄和队列斜率的变化也很微小：绝对值很小且均为正值。

实际上，泊松回归的结果也很相似（因为通常泊松回归所用数据的频数很大，而 OLS 分析中所用的失业率会取对数）。这两个时期特征（即失业率的对数值和越战时期）均在 0.001 水平上具有统计学意义。失业率对数值的系数可以被解释为弹性数值，即失业率每增加 1%，年龄－时期别自杀率的期望频数会增加 0.172%。越战的系数表示，在越战时期，年龄－时期别期望自杀频数的对数的变化值为 0.254。把这两个时期特征加入模型中，则似然比卡方值为 2759.70，自由度为 2（$p<0.001$）。与 OLS 分析一样，AC 和 ACPC 分析中的年龄和队列效应的系数十分相似。在泊松回归模型中，根据两个时期特征得到的随时间变化的时期效应斜率为 －0.0035。从 AC 模型到 ACPC 模型，时期趋势的这种微小改变并不会显著影响年龄和队列系数的斜率。

表 6 - 5 对年龄 - 时期别自杀率和人数进行年龄 - 队列分析以及年龄 - 队列 - 时期特征分析

自变量	普通最小二乘法		泊松回归	
	年龄 - 队列模型	ACPC 模型	年龄 - 队列模型	ACPC 模型
10 ~ 14 岁	-2.901***	-2.932***	-2.615***	-2.669***
15 ~ 19 岁	-0.801***	-0.833***	-0.577***	-0.630***
20 ~ 24 岁	-0.100	-0.123*	0.046***	0.004
25 ~ 29 岁	0.046	0.031	0.115***	0.093***
30 ~ 34 岁	0.157*	0.132*	0.155***	0.138***
35 ~ 39 岁	0.283***	0.257***	0.226***	0.215***
40 ~ 44 岁	0.428***	0.399***	0.337***	0.324***
45 ~ 49 岁	0.497***	0.467***	0.403***	0.385***
50 ~ 54 岁	0.522***	0.515***	0.429***	0.424***
55 ~ 59 岁	0.503***	0.523***	0.411***	0.429***
60 ~ 64 岁	0.434***	0.496***	0.339***	0.399***
65 ~ 69 岁	0.416***	0.482***	0.316***	0.389***
70 ~ 74 岁	0.516 Ref+	0.587 Ref+	0.415 Ref+	0.499 Ref+
1915 ~ 1919 年	-0.263**	-0.315***	-0.098***	-0.164***
1920 ~ 1924 年	-0.300***	-0.347***	-0.119***	-0.176***
1925 ~ 1929 年	-0.344***	-0.375***	-0.148***	-0.193***
1930 ~ 1934 年	-0.382***	-0.403***	-0.200***	-0.242***
1935 - 1939 年	-0.408***	-0.445***	-0.226***	-0.271***
1940 ~ 1944 年	-0.332***	-0.370***	-0.160***	-0.199***
1945 ~ 1949 年	-0.215**	-0.256***	-0.102***	-0.129***
1950 ~ 1954 年	-0.088	-0.130	0.009	0.004
1955 ~ 1959 年	-0.011	-0.030	0.050***	0.072***
1960 ~ 1964 年	0.053	0.062	0.069***	0.112***
1965 ~ 1969 年	0.064	0.115	0.050***	0.100***
1970 ~ 1974 年	0.242*	0.295**	0.107***	0.162***
1975 ~ 1979 年	0.245*	0.303**	0.053***	0.111***
1980 ~ 1984 年	0.331*	0.388**	0.076***	0.128***
1985 ~ 1989 年	0.381*	0.441**	0.113***	0.145***
1990 ~ 1994 年	0.425*	0.465**	0.141***	0.153***
1995 ~ 1999 年	0.601 Ref+	0.600 Ref+	0.385 Ref+	0.385 Ref+
失业率对数值		0.126*		0.172***
越战		0.298***		0.254***
截距	2.555***	2.302***	-2.119***	-2.454***

* $p < 0.05$, ** $p < 0.01$, *** $p < 0.001$。

+ 标 Ref 的系数为各模型中年龄和队列的参照类别。

6.8 年龄 - 时期 - 特征 - 队列特征模型

正如本章引言所述，很少有研究人员在一个因素 - 特征模型中使用多个因素的特征。其原因在于，一方面，为一个因素找到一个有说服力且能够逼真地刻画出其效应的特征就已经很难了，更不用说两个因素了。另一方面，正如 Winship 和 Harding（2008：363）所提出的，“通常，有必要仅用一个 APC 变量来完全认清该模型的机制”。如果我们能完全明确某个因素（包括它的线性效应），那我们就可以得出年龄、时期和队列效应的无偏估计。目前没有任何信息可以证明，通过用两个因素来明确该内在机制将会更好地估计年龄、时期和队列效应。然而，采用两个因素将有助于建立起一些可能解释这些因素效应的机制。

在本节中笔者给出了一个模型，在该模型中，年龄由效应编码的分类变量表示，而时期的两个特征和队列的两个特征都是之前两个分析用过的。正如表 6-6 所示，这四个特征均在 0.01 或更低水平上具有统计学意义。在 OLS 分析中，NMB 对数值的弹性系数为 0.460，这意味着，在控制了模型中其他自变量后，NMB 每上升 1%，年龄 - 时期别自杀率就会上升 0.460%（$p<0.001$）。RCS 对数值的系数表明，RCS 每增大 1%，年龄 - 时期别自杀率就会提高 0.757%（$p<0.001$）。第一个时期特征表明，在控制了模型中其他自变量后，失业率每提高 1%，年龄 - 时期别自杀率就会提高 0.153%（$p<0.01$）。在控制了模型中其他自变量后，在越战时期（而不是其他时期），年龄 - 时期别自杀率的对数值会增大 0.271（$p<0.01$）。

在存在两个因素的特征的模型中，对特征系数的解释和在只有一个因素特征的模型中是不同的。在仅有一个因素的特征的模型中，该特征受控于其他因素的分类变量。例如，在时期 - 特征模型中，时期特征受控于年龄和队列效应的分类变量。在含有队列和时期特征的现有模型中，时期特征受控于年龄效应而非队列效应的分类变量，队列特征则受控于年龄效应而非时期效应的分类变量。除非这些特征都能较好地估计出这些因素的效应，否则这些特征系数的意义不大。

就方差而言，这一过程得到的方差和只有一个因素的特征的模型里的方差相近。正如前面所提到的，由含三个因素和一个约束条件的全模型能解释的方差为

0.9839。模型中只有年龄分类变量时所解释的方差为0.9044，而在我们加入时期和队列特征之后，方差变成了0.9557。模型中时期和队列的特异方差为0.0795（=0.9839-0.9044），而时期特征和队列特征解释的方差为0.0513（=0.9557-0.9044）。这些特征解释的方差在与时期和队列特异相关的方差中的占比为64.53%［=（0.0513/0.0795）×100］。

表6-6 对年龄-时期别自杀率和人数进行年龄分析和年龄-时期-特征-队列特征分析

自变量	普通最小二乘法		泊松回归	
	年龄模型	APCCC模型	年龄模型	APCCC模型
10~14岁	-2.709***	-2.917***	-2.515***	-2.652***
15~19岁	-0.647***	-0.821***	-0.507***	-0.631***
20~24岁	0.023	-0.109***	0.106***	0.007
25~29岁	0.136	0.049	0.163***	0.102***
30~34岁	0.215*	0.147*	0.193***	0.156***
35~39岁	0.309**	0.267***	0.257***	0.235***
40~44岁	0.417***	0.394***	0.350***	0.332***
45~49岁	0.460***	0.457***	0.403***	0.389***
50~54岁	0.453***	0.495***	0.404***	0.415***
55~59岁	0.402**	0.500***	0.357***	0.411***
60~64岁	0.304*	0.472***	0.254***	0.3671***
65~69岁	0.269*	0.473***	0.219***	0.376***
70~74岁	0.368 Ref+	0.593 Ref+	0.316 Ref+	0.492 Ref+
NMB对数值		0.460***		0.260***
RCS对数值		0.757		0.670***
失业率对数值		0.153***		0.171***
越战		0.271***		0.230***
截距	2.363***	-1.592**	-2.180***	-5.224***

* $p<0.05$, ** $p<0.01$, *** $p<0.001$。

+ 标Ref的系数为各模型中年龄的参照类别。

队列和时期特征的泊松回归的结果类似。自变量的对数值可以解释为弹性数值，即在控制了模型中其他自变量后，NMB每增大1%，年龄-时期别期望自杀频数就会增加0.260%；RCS每增大1%，年龄-时期别期望自杀频数就会增加0.670%；失业率每上升1%，年龄-时期别期望自杀频数就会增加 0.171%。越战时期这一特征的系数表明，在越战时期，年龄 - 时期别期望自杀频数的对数值比其他时期的对数值高 0.230。这些值均具有统计学意义（$p < 0.001$）。

笔者认为，无论是 OLS 分析还是泊松回归模型，年龄系数都无法为产生年龄 - 时期别自杀率数值的参数提供可靠的估计。如果要得到准确的估计值，那么这两个队列特征需要刻画出队列的线性效应，且两个时期特征要刻画出时期的线性效应。此外，我们无法保证特征系数本身受控于由因素特征表示的其他因素。

6.9 基于因素特征和机制的方法

如前所述，Winship 和 Harding（2008）提出的以机制为基础的方法是专门为包含多个因素的多个特征的模型设计的，但本章并没有给出该方法的实例。该方法采用了结构方程模型，并且被用在了 Pearl（2000）的因果模型框架中。此方法偏离了本章的主要方法和本书的特色方法。不过，上节提到的使用了多个因素的多个特征的方法也强调了使用以机制为基础的方法时可能会碰到的一些解释方面的问题。

因素 - 特征法和以机制为基础的方法存在的共同难题在于如何找到一组能够完全刻画每个因素效应的特征。假设用特征来表示一个队列因素，这些队列特征的效应是完全控制了年龄效应和时期效应分类变量的效应，在这种情况下，年龄、时期与因变量之间的关系形式非常灵活（考虑到分类编码）。除非我们认为队列特征刻画出了队列的线性效应，否则我们很难确定年龄和时期分类效应的估计值。如果队列特征刻画出了产生结果数据的队列参数的线性效应，那么我们就能很好地估计出年龄和时期的分类效应。

因为队列的这些特征和结果变量之间的关系已经控制了模型中的其他两个因素和任何其他队列特征，所以在这种情况下队列特征的解释是有意义的，而且此处年龄和时期效应的控制效果很强。这些特征通常不能被解释为产生结果值的队列效应的无偏估计。当有多个因素的特征时，特征的系数就不能很好地受控于其他两个因素了。

用拟合度来衡量因素 - 特征模型通常会出现问题，因为这些模型的拟合度通常都非常好，两个分类编码变量解释超过 90% 的因变量方差是很常见的。对于本章的自杀数据，分类编码的年龄因素本身就解释了超过 90% 的年龄－时期别自杀率对数的方差。即使一个 APCC 模型的队列特征解释了所有（与队列相关）的特异方差（队列效应与其线性趋势效应之间的偏差），如果它的线性趋势并不与产生结果值的参数的线性效应匹配的话，那么仍可能出现严重的偏误[①]。打个比方，解集线上具有无穷多个与模型拟合同样好的解，但产生的参数估计值却千差万别。

Winship 和 Harding（2008）提出的以机制为基础的方法在已有文献中并不常见。只有使用并参与研究以机制为基础的方法，研究者们才能真正对该方法进行充分的评估。这是一种非常新颖的方法，以至于此时很难衡量它优缺点的细枝末节。然而，它将需要解决本节以及前一节提出的问题，尤其是当用特征表示多个因素时，年龄效应、时期效应和队列效应的控制会更弱的问题。

6.10 因素－特征模型的其他特征和分析

因素－特征模型有许多其他特征。O'Brien（2000）提出，APCC 模型中有三种控制变量。对因素－特征效应而言，因素的特征本身就控制了模型中的其他自变量。年龄和时期的分类变量是固定效应，它们控制了所有与年龄有关但不随时期变化的因素以及所有与时期有关但不随年龄变化的因素。随年龄、时期和队列变化的变量也可以被控制。O'Brien 把这些命名为“共生控制”，它们属于年龄－时期别变量，如随年龄和时期变化的年龄－时期别失业率或者年龄－时期别性别比。注意，这和把失业率看作同一时期在所有单元格都一样的时期特征不同。这些“共生控制”在表格中的每个单元格里可以取不同数值。年龄－时期别失业率或性别比可以作为控制变量代入分析（当然，也会同时考量它们的实际效应），但这些变量（自由度仅为 1）很少用在 APC 分析中。不同队列特征和时期或年龄组的交互作用也可以加入允许非相加性效应的 APCC 模型中（O'Brien，2000）。

我们也可以用除标准 OLS 和广义线性模型以外的其他分析方法。半相依回归（SUR）模型似乎应用较少，O'Brien 和 Stockard（2006）用 SUR 模型分析了

---

① 解释与队列相关的所有特异方差必须考虑线性趋势的偏差，而不一定需要解释线性趋势成分本身。

美国年龄 - 时期别自杀率和凶杀率。该模型包括了一个凶杀受害和自杀的 APCC 模型，其允许这两个模型中的残差相关，并且可以估计其相关性。在统计学意义上，该模型相比于单独运行自杀和凶杀的模型也更有效率。在实践中，O'Brien 和 Stockard（2006）表示，将两个队列特征（NMB 和 RCS）代入一个只有年龄和时期分类变量的方程中时，残差间的相关性显著减弱了，不过这个方程里仍然缺少其他一些需要用来解释残差间这种相关的因素。在年龄、种族和其他特征等 APC 数据已知时，SUR 模型可能会特别有用。

6.11 结论

因素 - 特征模型避免了 APC 模型中存在的统计识别问题，但同时也有其局限性。这种方法提供的解并没有落在第 2 章所讨论的解集线上，且不论是否有意为之，这些解法已经成为大多数 APC 建模者所关注的焦点。或许这就是为什么 Glenn（2005：21）（在本章开头也提到过）在因素 - 特征模型这个方法中提到："需要牢记的一点是，这些模型并不是真正的 APC 模型（尽管它们有时被称为 APC 模型），并不能解决年龄 - 时期 - 队列难题。" Glenn 还指出："任何因变量的队列效应都不可能仅仅来自模型中的队列特征，剩下的队列效应与模型中的年龄和时期效应估计值相混杂。" 在本章中，笔者已经解释并强调了这最后一点，也解释了原因。

笔者认为，需要找到能刻画出因素的分类系数的线性趋势的因素特征，其中，这些因素指的是那些接近产生结果数据的参数趋势的因素。否则，本应和那个因素有关的线性趋势就会被其他因素所吸收，从而使估计值不准。这一点和 Glenn（2005：22）的建议相悖，他认为："要避免与被忽略的 APC 变量之间存在强线性关系的自变量。" 这些变量确实会高度相关，但这种 "强线性关系" 是使得分类编码因素的效应是控制特征编码因素线性效应后的效应的必要条件。

理解因素 - 特征法中因素间的关系对解释结果至关重要。在具有一个因素的多个特征且用分类变量表示其他两个因素的模型中，因为其他两个因素的效应已经被控制了，所以该因素的这些特征效应是可以被解释的。这种解释看起来很直接而且 "有意义"，但这一结论并不适用于由许多分类变量衡量的两个因素。假如这些因素特征无法表示以特征编码的因素的效应，那么其他两个因素的分类效应将会和第三个因素的线性效应相混杂。此时，这一解释没有 "意义"。

当我们加入其他因素的特征时，由于由因素特征提供的控制仅为因素效应分类变量的近似值，所以这些因素对年龄效应和/或时期效应和/或队列效应的控制会变弱。例如，在年龄 - 时期 - 特征 - 队列特征模型中，我们可能无法使年龄效应成为完全控制了时期效应和队列效应的年龄效应。除非研究者能为多个因素找到绝佳的因素特征，否则还不如用单个因素的最佳特征来构建模型。[①] 在第一个实证案例中我们至少知道，队列特征（相对队列规模和非婚生育百分比）与自杀率之间的关系受控于年龄效应和时期效应。而且，我们可以专注于解释那些队列特征与年龄 - 时期别自杀率之间的关系。

参考文献

Bureau of Labor Statistics. 2013. Labor force participation statistics from the CurrentPopulation Survey (Series LNS 14000000). Online database (generated on May 4, 2013).

Centers for Disease Control and Prevention. 2012. Underlying cause of death 1999 - 2010 on CDC WONDER. Online Database, released 2012, http://wonder. cdc. gov/ucd - icd10. html (accessed at July 2, 2013).

Easterlin, R. 1978. What will 1984 be like? Socioeconomic implications of recent twistsin age structure. *Demography* 15: 397 - 421.

Easterlin, R. 1987. *Birth and Fortune: The Impact of Numbers on Personal Welfare.* Chicago: University of Chicago Press.

Farkas, G. 1977. Cohort, age, and period effects upon the employment of whitefemales: Evidence for 1957 - 1968. *Demography* 14: 33 - 42.

Glenn, N. D. 1976. Cohort analysts' futile quest: Statistical attempts to separate age, period, and cohort effects. *American Sociological Review* 41: 900 - 904.

Glenn, N. D. 2005. *Cohort Analysis* (2nd edition). Thousand Oaks, California: Sage.

Kahn, J. R., and W. M. Mason. 1987. Political alienation, cohort size, and the Easterlinhypothesis. *American Sociological Review* 52: 155 - 69.

Lebergott, S. 1957. Annual estimates of unemployment in the United States. National Bureau of Economic Research.

Martin, J. A., B. E. Hamilton, S. J. Ventura, et al. 2012. Births: Final data for 2010. *NationalVital Statistics Reports*, vol. 61 no. 1. Hyattsville, MD: National Center for HealthStatistics.

---

① 其他人可能会认为，了解机制很重要，所以有多个因素的特征比分类编码的因素还要重要，即便后者能提高控制强度。

McCall, P. L. and K. C. Land. 2004. Trends in environmental lead exposure andtroubled youth, 1960 - 1995: An age - period - cohort - characteristic analysis. *Social Science Research* 33: 339 -59.

O'Brien, R. M. 1989. Relative cohort size and age - specific crime rates. *Criminology* 27: 57 - 78.

O'Brien, R. M. 2000. Age, period, cohort characteristic models. *Social Science Research* 29: 123 -39.

O'Brien, R. M., and J. Stockard. 2006. A common explanation for the changing age distribution of suicide and homicide in the United States: 1930 to 2000. *Social Forces* 84: 1539 - 57.

O'Brien, R. M., J. Stockard, and L. Isaacson. 1999. The enduring effects of cohort sizeand percent of nonmarital births on age-specific homicide rates, 1960 - 1995. *American Journal of Sociology* 104: 1061 -95.

Pearl, J. 2000. *Causality: Models, Reasoning, and Inference.* Cambridge, UK: Cambridge University Press.

Preston, S. H., and H. Wang. 2006. Sex mortality differences in the United States: The role of cohort smoking patterns. *Demography* 43: 631 -46.

Rodgers, W. L. 1982. Estimable functions of age, period, and cohort effects. *American Sociological Review* 47: 774 -87.

Savolainen, J. 2000. Relative cohort size and age-specific arrest rates: A conditional interpretation of the Easterlin effect. *Criminology* 38: 117 -36.

StataCorp. 2013. *Stata Statistical Software: Release* 13. College Station, TX: StataCorp LP.

Stockard, J. and R. M. O'Brien. 2002a. Cohort effects on suicide rates: International variations. *American Sociological Review* 67: 854 -72.

Stockard, J. and R. M. O'Brien. 2002b. Cohort variations and changes in age-specific suicide rates over time: Explaining variations in youth suicide. *Social Forces* 81: 605 -42.

U. S. Bureau of the Census. Various years. Numbers 98, 114, 170, 519, 870, 1000, 1022, 1058, 1127, and for 1995 - 2010 data http: //www. census. gov/population/estimate - extract/nation/intfile2 - 1. txt. *Current Population Surveys: Series P* - 25. Washington D. C.: Government Printing Office.

U. S. Bureau of the Census. 1946, 1990. *Vital Statistics of the United States: Natality.* Washington D. C.: Government Printing Office.

U. S. Department of Health, Education, and Welfare, National Center for Health Statistics. Various years. *Annual Vital Health Statistics Report*, vol. 2. WashingtonD. C.: Government Printing Office.

Winship, C. and D. J. Harding. 2008. A mechanism based approach to the identification of age-period-cohort models. *Sociological Methods & Research* 36: 362 -401.

总结：一个实证案例

我希望引用此版内容的作者能够认识到，除非在几乎不存在的条件下，年龄、时期、队列效应间的明确分离不仅仅是困难的，同时也是不可能的。然而，我也希望他们能够认识到，效应间的明确分离并不是使得队列分析有效的必要条件。

N. D. Glenn（2005：ⅶ）

7.1 引言

对笔者而言，深入钻研传统的年龄 - 时期 - 队列（APC）难题代表了笔者对它的一种长期持续的热情。正如前言所述，这一热情源于 1987 年或 1988 年笔者与 Bill Mason 在俄勒冈大学的一场交谈。但在与笔者的同事 Jean Stockard 再次开始研究这些模型之前，笔者也有很多年未接触这一领域了。笔者曾给过她一些关于青少年凶杀流行的资料，她认为她知道一个队列因素或许可以解释这一现象，笔者说自己知道另一个因素并且知道如何检验它，于是笔者和她开始了笔者职业生涯中最重要的合作研究。对问题追本溯源的渴望一如既往地激发了笔者对方法论的兴趣，于笔者而言，二者不可分割。继而，Yang、Fu 和 Land（2004）以及 Yang、Schulhofer-Wohl、Fu 和 Land（2008）的研究激起了笔者对于 APC 约束模型技术细节的兴趣——APC 文献中主要的传统技术——却是笔者在实际研究中从未使用过的一种技术。所有这些都在本书中得到了淋漓尽致的展现。

如果笔者成功了，勤勉的读者应该就会从代数和几何两个角度对传统的 APC 识别问题有一个合理且深入的理解。他们会认识到，当研究者只能通过对三个因素中的两个因素进行建模，用特征来替代一个或更多因素，或者利用任何特定且机械的约束条件来对其进行统计识别时，这些识别问题是如何令人头疼的。本书仅对四种技术进行了详细探讨：约束估计、可估函数、方差分解以及因素特征。这些技术在很多文献中都被用于分析 APC 聚合层次数据，但它们并不是已经发展出来的唯一或绝大多数技术。它们是一整套合理统一的技术，并且为理解已有文献中所出现的、时不时以重新发现的形式或某种程度上作为新方法而出现的其他 APC 方法提供了一套很好的工具。

结尾这一章所采取的总结形式不同于其他多数书籍。笔者决定从自己实际专长的研究领域中选取一个真实案例进行展示。根据这个实证案例，我们可以合理地估计美国历时超过 45 年的年龄、时期和队列与年龄 - 时期别凶杀逮捕率之间的关系，而这一过程综合采用了本书所探讨的技术与基于解集线的“敏感性分析”。这与本章开始引自 Glenn（2005：8）的引言所表达的意思不谋而合，“效应间的明确分离并不是使得队列分析有效的必要条件”。

对于 APC 模型及其一些参数，我们可以总结出许多确定性结论，这些结论与可估函数有关，包括所解释的特异方差、总体方差、结果变量预测值、源于因素线性趋势的效应偏差以及因素内的趋势变化。同时，还存在其他一些没有确切答案的问题。若试图回答这些问题，研究者必须依靠理论与已有研究来选择恰当的约束条件或因素特征。在这一章中，笔者将展示如何使用确切的答案以及使用实际知识连同约束回归及因素特征来合理地估计年龄、时期及队列效应。

7.2 实证案例：凶杀犯罪

以每 5 年一个年龄组来划分美国凶杀犯罪的实证数据：15 ~ 19 岁、20 ~ 24 岁……60 ~ 64 岁，数据获取时期为 1965 年、1970 年……2010 年，其对应的出生队列则为 1900 ~ 1904 年、1905 ~ 1909 年……1990 ~ 1994 年。由于前三个队列中有两个关键队列特征缺失，因此将前三个队列观测值舍去。凶杀犯罪数据（每个时期内执法部门所报告的分年龄组以及美国总人口中的凶杀罪犯数量）取自《美国犯罪案件》（联邦调查局，多年）。表 7 - 1 给出了年龄 - 时期别凶杀犯罪率。[①]

---

① 美国联邦调查局的逮捕数据来源于执法部门所报告的数量，其随时期而变化。为修正这一效应，用该时期内的美国总人口数除以该时期内向联邦调查局报告的地区居民数，再将这一比例乘以该时期内每个年龄组中的凶杀逮捕次数。用这一修正年龄 - 时期别凶杀逮捕数除以年龄 - 时期别类别中的美国居民数量（U. S. Bureau of the Census，不同年份），然后乘以 10 万便可以得到年龄 - 时期别凶杀犯罪率（每 10 万人），见表 7 - 1。

表 7－1 年龄－时期别凶杀犯罪率（每 10 万人）以及出生队列中的相对队列规模值和非婚生育数

年龄（岁）	时期（年）									
	1965	1970	1975	1980	1985	1990	1995	2000	2005	2010
15～19	9.07	17.22	17.54	18.00	16.32	35.17	35.08	14.63	13.87	10.89
20～24	15.18	23.75	25.62	23.97	21.10	29.10	31.93	18.46	18.70	13.08
25～29	14.69	20.09	21.05	18.88	16.79	18.00	16.76	10.90	11.85	8.63
30～34	11.70	16.00	15.81	15.23	12.58	12.44	10.05	6.63	6.80	5.94
35～39	9.76	13.13	12.83	12.32	9.60	9.38	7.25	5.41	4.69	4.10
40～44	7.41	10.10	10.52	8.80	7.50	6.81	5.47	3.74	3.69	2.88
45～49	5.56	7.50	7.32	6.76	5.31	5.17	3.67	2.30	3.09	2.39
50～54	4.60	5.68	4.91	4.36	4.32	3.38	2.68	1.70	1.74	1.71
55～59	3.13	4.38	3.34	3.28	3.31	2.36	2.50	0.89	1.22	1.19
60～64	2.38	2.78	2.99	2.16	1.90	1.77	1.39	0.64	0.76	0.73
队列特征	1915～1919	1920～1924	1925～1929	1930～1934	1935～1939	1940～1944	1945～1949	1950～1954	1955～1959	1960～1964
RSC	13.89	13.69	12.39	10.80	10.87	12.43	14.62	15.27	15.33	14.03
NMB	2.10	2.57	2.93	3.92	4.08	3.63	3.82	4.06	4.82	5.99
队列特征	1965～1969	1970～1974	1975～1979	1980～1984	1985～1989	1990～1994				
RSC	11.72	10.82	10.60	10.82	10.58	10.49				
NMB	8.97	12.11	15.59	19.60	24.54	30.24				

队列分布于表格的主对角线上。例如，在最早时期（1965 年）内的最小年龄组（15～19 岁）对应于第 10 早的队列，其出生于 1945～1949 年，且凶杀犯罪率为 9.07/10 万。5 年后这一队列处于 20～24 岁的年龄范围内，且其年龄－时期别杀人犯罪率为 23.75/10 万。当出生队列为 15～19 岁时，相对队列规模（RCS）指年龄为 15～19 岁的人占 15～64 岁人口的百分比，它是测量某队列在多大程度上属于婴儿潮或生育低谷队列的一种方式。婴儿潮队列在很多方面均处于劣势，伊斯特林（Easterlin）（1978，1987）为这一点提供了强有力的实证证据：每个儿童被更少的成人抚养、班级人数更多、入门级求职者拥有更少的入门级工作、晚婚晚育（Macunovich，1999；O'Brien，Stockard and Isaacson，1999）。非婚生育数（NMB）是通过每个队列中未婚母亲的活产率来测量的，例如，对于 1980～1984 年队列而言，NMB 就是在 1980 年、1981 年……1984 年中未婚母亲生产率的平均值。但1915～1919 年队列的可用数据仅有 1917～1919 年的，因此其非婚生育数是基于这三年生育率的均值得来的，更早期队列不存在非婚生育数据。RCS 及 NMB 的队列特征值见表 7－1 下方。可以测量 RCS 和 NMB 的最早期队列为 1915～1919 年队列：RCS 为 13.89，NMB 比重为 2.10。最晚近队列即 1990～1994 年队列的 RCS 和 NMB 分别为 10.49 和 30.24。

用于计算 RCS 的数据源于美国人口普查局（U. S. Bureau of the Census，不同年份）以及疾病预防控制中心（2012）。非婚生育的数据则取自美国人口普查局的人口统计项目（U. S. Bureau of the Census，1946，1990）以及 Martin 等（2012）的研究。对于 1915～1990 年间 5 年间隔的时期，非婚生育比例和以 5 年为间隔的出生队列中在 5～9 岁时生活于单亲家庭的个体比例之间存在高度相关，其相关系数为 0.98，一阶差分相关度为 0.90。在 5～9 岁时生活于单亲家庭的个体比例数据由 Jukka Savolainen（2000）提供。

Stockard 和 O'Brien（2002）曾提到，单亲家庭的家庭资源可能会更少。儿童监管也可能更少，且单亲家庭的儿童更可能在贫困中长大，医疗卫生资源匮乏，且社区环境更不安全。由于这些及其他原因，非婚生育率高的队列往往更可能会是凶杀犯罪率较高的队列。

APC 全模型的设定为：

$$Y_{ij} = \mu + \alpha_i + \pi_j + \chi_{I-i+j} + \epsilon_{ij} \qquad (7-1)$$

Y_{ij}表示年龄 - 时期表中第 ij 个单元格中的因变量值；μ 代表截距值；α_i代表第 i 个年龄组的年龄效应；π_j是第 j 个时期的时期效应；χ_{I-i+j}是第（$I-i+j$）个队列的队列效应（I 表示年龄组数量）；而ϵ_{ij}则表示与年龄 - 时期表中第 ij 个单元格相关的误差项或残差。鉴于年龄、时期和队列是分类编码的，年龄组、时期以及队列中分别有一个会被作为参照组。

7.2.1 特异方差及线性偏差

在假定方程（7 - 1）中的 APC 全模型设定正确的情况下，针对凶杀犯罪数据的第一步分析涵盖了年龄、时期及队列效应的有关信息，且它们并不取决于所选择的约束条件。关键在于确定每个因素能否解释凶杀犯罪率对数值中足够大的特异方差。[①] 表 7 - 2 表明，相比于仅包含其他两个因素的模型而言，每个因素都能够解释因变量中足够大的额外方差。记住，因为只有被解释的特异方差才是由因素线性趋势的偏差所引起的，所以这项检验十分严格。在此情况下，队列因素与其线性趋势的偏差解释了凶杀犯罪率 2.32% 的额外方差，且在 0.0001 水平上具有统计学意义。[②] 时期因素偏差解释了 5.90% 的额外方差，且这一方差增量在 0.0001 水平上具有统计学意义。年龄组因素偏差解释了凶杀犯罪率 3.41% 的额外方差，且这一增量在 0.0001 水平上具有统计学意义。

表 7 - 2 队列、时期以及年龄对年龄 - 时期别凶杀犯罪率方差的独特贡献

	自由度	$p<$	F	$R^2_{增量}$
队列	F(14,61)	0.0001	5.96	0.0232
时期	F(8,61)	0.0001	26.49	0.0590
年龄	F(8,61)	0.0001	15.32	0.0341

年龄系数与其线性趋势的偏差、时期系数与其线性趋势的偏差以及队列效应系数与其线性趋势的偏差是可估的，这些偏差见图 7 - 1 中的三个图。年龄效应

① 应注意，因为最早的三个队列缺失了非婚生育的队列特征数据，我们在进行所有的分析时都需要将这三个队列从数据中删除，以保证本章所有分析所使用的样本均保持一致。

② 显著性检验是一个针对R^2增量的 F 检验。

曲线呈倒 U 形，这些偏差代表去趋势的年龄效应。笔者猜想生成结果数据的年龄参数的线性趋势是下降的，其会使年龄效应在 20 ~ 24 岁之后呈现单调递减趋势。笔者将简单地为这一猜想提供证据及理论/现实原因。时期曲线也呈倒 U 形，但晚近的时期效应与此 U 形模式存在细微差异。时期系数与其线性趋势间的差异比队列系数的差异要大，也就是说，相比于队列而言，时期与凶杀案之间的关系呈现更强的曲线成分。这一点不仅在图 7 - 1 中体现得很明显，在表 7 - 2 中亦是如此。队列偏差随时间变化呈现一种 U 形关系，但这再次说明，除了最后三个队列之外，如果存在增长的线性趋势，那么早期队列的斜率上扬程度相对地就会更小，而晚近队列的斜率上扬程度会更大；如果存在一个下降的线性趋势，那么早期队列的斜率下斜程度相对地会更大，而晚近队列的斜率下斜程度就会更小。

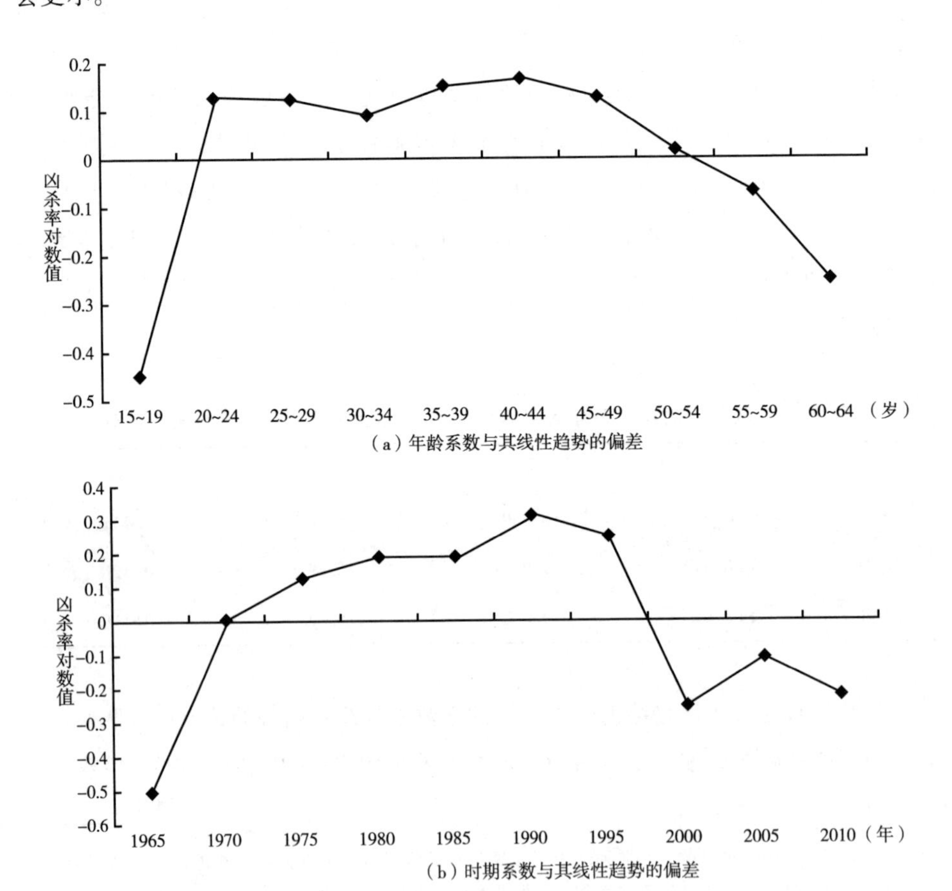

（a）年龄系数与其线性趋势的偏差

（b）时期系数与其线性趋势的偏差

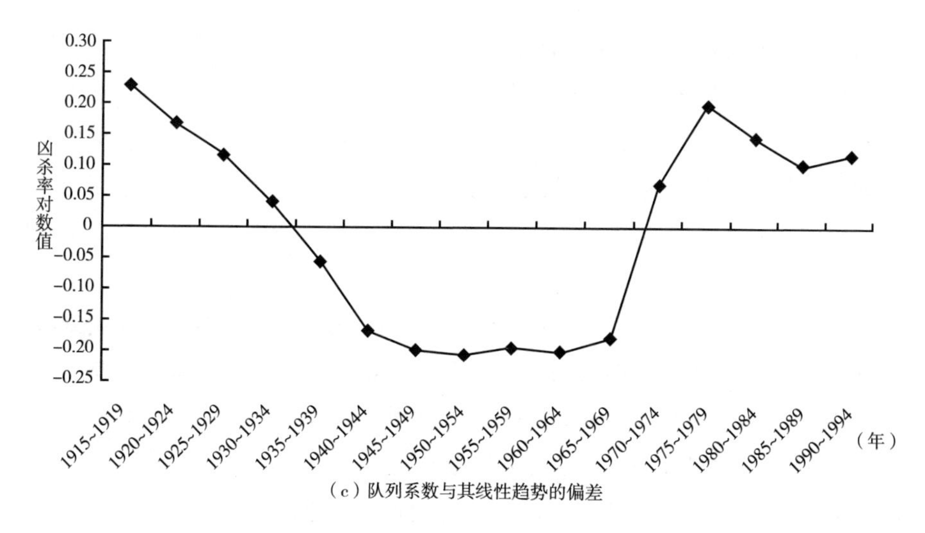

（c）队列系数与其线性趋势的偏差

图7-1 年龄、时期及队列系数与各自线性趋势的偏差

7.2.2 使用 s - 约束法的约束回归

在使用约束估计时，笔者重点关注并使用实际知识与理论来选择所采用的约束条件，这一步对于获得近似“正确”的约束条件十分关键。为方便设定约束条件，笔者引入了一个允许研究者按照理论和研究中的方法对年龄曲线进行直接约束，也可以对结果进行灵活的敏感性分析的程序。这一约束条件的设定并不要求限定两个分类变量具有相同的效应，而是通过在扩展解集线中巧妙操控 s 值来完成，其中，扩展解集线公式为：$b_c^0 = b_{c1}^0 + sv^*$。这里，笔者使用了扩展零向量（v^*）以及包含了参照类别数值的 b_{c1}^0 的全解。此时，零向量的截距元素为1.5。

研究者可以通过 s - 约束法获取任何想要的最优拟合解。由于扩展零向量（v^*）已知，我们可以通过任何一个恰好可识别的约束解（b_{c1}^0）来找到任意最优拟合解（b_c^0）。笔者利用包含了参照类别系数的全解来简单地创建一个 Excel 电子表格，并将其中一个恰好可识别的约束解（b_{c1}^0）作为一列，将扩展零向量（v^*）作为第二列，而将结果（b_c^0）作为第三列。然后对 s 值加以操控以生成不同的约束解（b_c^0）。研究者（在笔者的案例中）可以采用这种系统的方法获得一条与理论和实际知识相符的年龄曲线，并生成一系列可以得到最优拟合解（恰好可识别的解）的系数。

第一项任务是得到一个解，且在此解中，年龄分布与相当充分的实际知识所预设的情形相符。笔者选择年龄，因为它是犯罪学中的核心变量，且存在大量关于其与凶杀犯罪之间关联性的研究。如果研究者能够获得结果值生成参数的正确年龄效应，那么所有其他参数将是正确的。笔者将这一最优真实解设定于两个极端或边缘解之间，且实际知识和理论表明，这正是我们所期望的凶杀犯罪的年龄效应的边界。

第一个边缘解与几乎所有犯罪学家的认识相一致，即凶杀犯罪的年龄效应在20～24岁之后单调递减。这与 Hirschi 和 Gottfredson（1983）的研究总结，以及 Daly 和 Wilson（1988）、Wilson 和 Daly（1993）、Hiraiwa-Hasegawa（2005）偏向生物学方向的研究相一致。第二个边缘解设定起来要更加困难。Hirschi 和 Gottfredson 提出，身体犯罪的峰值年龄要比财产犯罪更晚，且这一点尤其符合严重的身体犯罪，这意味着像凶杀犯罪这样严重的身体犯罪很可能在20岁出头的时候达到峰值。他们还指出，攻击性行为的年龄曲线在峰值之后的下降速度在低龄人群中要比在高龄人群中更快。在回顾了六个欧洲地区及不同时期（跨度超过400年）的暴力犯罪数据之后，Eisner（2003）发现暴力犯罪的年龄曲线也呈现这一模式（尤其参见他的图10）。[①] 这些发现均与第二个边缘解的设定条件相一致，因此15～19岁人群的凶杀犯罪率不会超过25～29岁人群。

笔者遵循的策略基于以下目标：在实际知识的基础上得到一个“最优”年龄曲线估计，然后对这两个边缘估计作敏感性分析，以考察其如何改变时期及队列曲线。步骤如下：（1）利用一个约束条件来求解 APC 模型（例如，age1 = age2）；（2）使用前面提到的 Excel 电子表并对 s 进行操控，直到获得一条看起来能够与该领域内的实际知识拟合最优的年龄效应曲线；（3）通过操控 s 对估计添加边缘条件，使得20～24岁之后的凶杀犯罪率呈现单调递减趋势。逐步改变 s 值，直到“恰好满足”这一条件。第二个边缘条件是15～19岁与25～29岁年龄组的凶杀犯罪率一样大（但不大于），这一条件也可以通过操控 s 值来实现。当然，这与将 age1 = age3 设定为约束条件时所得到的结果相同。s - 约束法的优势在于，任意年龄、时期或队列效应曲线都可以通过选取存在于扩展解集线上的无数个约束条件来获得。边缘解与最优真实解均为约束解，但更重要的是，它们都是建立在实际知识和理论之上的约束解。

① 当然，年龄效应会随文化的变化而变化。

一条在25~29岁之后仅仅单调递减的年龄曲线，以及一条在15~19岁年龄组和20~24岁年龄组上对年龄－时期别凶杀犯罪率拥有相同年龄效应的年龄曲线，可以视为笔者敏感性分析的界限所在。这一分析的一个主要目的在于深入理解时期和队列效应。如果我们可以获得一条准确的年龄曲线，那么就可以得到准确的时期和队列曲线，因为如果年龄曲线的斜率大致正确，那么时期和队列曲线就应该基本正确。

表7－3给出了这三组估计值。第一组解是最优真实估计（基于笔者对已有研究和理论的研读），其中年龄曲线与该领域中的实际知识最为一致。另外两组解也是基于实质性理论，但它们代表着在实际知识中年龄曲线应该呈何种状态的年龄曲线“极端值”。此外，它们也基于约束解的使用，*s* 乘以扩展零向量以生成不同的年龄效应分布直到找到一个能够拟合年龄效应真实边缘模式的值。由于增大或减小 *s* 值会按照相同方向对解进行“旋转”，所以该过程并不像听起来那么简单。第一个边缘解被设定为 age4 = age5，这样设定的原因在于，在这种情况下单调递减准则会首先得到满足。需要将解加以旋转，直到在 age4 和 age5 之间存在一个下降趋势以满足单调递减准则，此时所使用的约束条件几乎等于 age4 = age5 这一约束条件。需要注意的是，在 age4 = age5 的那一列，30~34岁的系数要比35~39岁的系数略大。第二个边缘解被设定为 age1 = age3，这给出了实际研究和理论所指出的另一个界限，即25~29岁年龄组的凶杀犯罪率大于或至少不低于15~19岁年龄组。[①]

表7－3 基于凶杀犯罪年龄效应实际知识的模拟解

效应	最优真实解	age4 = age5	age1 = age3
15~19岁	0.466	-0.168	0.804
20~24岁	0.826	0.333	1.089
25~29岁	0.616	0.264	0.804
30~34岁	0.384	0.173	0.497

① 这并不意味着15~19岁年龄组人群的凶杀犯罪率从未超过25~29岁年龄组人群。在美国青少年凶杀流行时这一现象就出现过了。但存在强有力的证据认为这是霹雳可卡因的流行（Blumstein，1995；Cohen，Cork，Engberg，and Tita，1998；Cork，1999）以及队列因素造成的，例如相对队列规模以及队列成员中由非婚母亲生育的比重（O'Brien et al.，1999）。需要注意的是，人们通常用理论与研究相结合的方式（Daly and Wilson，1988；Eisner，2003；Hiraiwa-Hasegawa，2005；Hirschi and Gottfredson，1983；Wilson and Daly，1983）来证明这一约束条件的合理性。

续表

效应	最优真实解	age4 = age5	age1 = age3
35 ~ 39 岁	0. 243	0. 172	0. 280
40 ~ 44 岁	0. 058	0. 129	0. 021
45 ~ 49 岁	-0. 178	0. 033	-0. 291
50 ~ 54 岁	-0. 485	-0. 133	-0. 673
55 ~ 59 岁	-0. 774	-0. 281	-1. 037
60 ~ 64 岁	-1. 156	-0. 522	-1. 494
1965 年	0. 368	1. 003	0. 031
1970 年	0. 701	1. 195	0. 439
1975 年	0. 626	0. 978	0. 438
1980 年	0. 490	0. 701	0. 377
1985 年	0. 287	0. 357	0. 249
1990 年	0. 218	0. 147	0. 255
1995 年	-0. 047	-0. 258	0. 066
2000 年	-0. 737	-1. 089	-0. 549
2005 年	-0. 794	-1. 287	-0. 531
2010 年	-1. 112	-1. 747	-0. 775
1915 ~ 1919 年	-0. 611	-1. 668	-0. 048
1920 ~ 1924 年	-0. 569	-1. 486	-0. 082
1925 ~ 1929 年	-0. 500	-1. 275	-0. 087
1930 ~ 1934 年	-0. 469	-1. 103	-0. 131
1935 ~ 1939 年	-0. 454	-0. 948	-0. 192
1940 ~ 1944 年	-0. 448	-0. 801	-0. 261
1945 ~ 1949 年	-0. 367	-0. 578	-0. 254
1950 ~ 1954 年	-0. 263	-0. 333	-0. 225
1955 ~ 1959 年	-0. 135	-0. 064	-0. 172
1960 ~ 1964 年	-0. 030	0. 181	-0. 143
1965 ~ 1969 年	0. 108	0. 460	-0. 080
1970 ~ 1974 年	0. 465	0. 958	0. 202
1975 ~ 1979 年	0. 710	1. 345	0. 373
1980 ~ 1984 年	0. 763	1. 539	0. 351
1985 ~ 1989 年	0. 837	1. 753	0. 349
1990 ~ 1994 年	0. 963	2. 021	0. 401

注：有关每个约束估计值的这些“模拟”结果的基本原理的描述，请参阅正文。

图 7－2 呈现了这三种分析的年龄、时期以及队列效应结果。实线是基于采用实际知识约束年龄曲线的最优真实估计；点线基于 age1 = age3 这一约束条件，这一约束条件允许 15～19 岁和 25～29 岁年龄组人群具有相同的凶杀犯罪率；而短划线则基于另一个边缘解，该边缘解允许 age4 和 age5 几乎相等，且保证凶杀犯罪率在 20～24 岁之后呈单调递减状态。这种方法的首要目的在于，使年龄曲线的模拟结果与实际知识完全一致。对 age4 = age5 曲线的检验表明，其在 20～24 岁之后的下降并不会像犯罪学家所预期的那样剧烈。很显然，将30～34 岁和 35～39 岁年龄组设定为大致相同并不符合预期，即使它符合单调递减准则。age1 = age3 的曲线呈现比 age4 = age5 的曲线更强的单调递减性。如果我们不允许 age1 拥有比 age3 更大的年龄效应，那么这个单调递减性就不会比age1 = age3 曲线表现的递减性更强。鉴于此，笔者认为年龄效应应该在这两个边界之间。

因为最优估计以及边缘估计均建立在实际知识（或预期）之上，所以年龄曲线应该是合理的。但在此情形中，在实际知识的基础上设定这些年龄曲线的一个主要目的在于，是否可以在 APC 模型中获得一条准确的年龄曲线，然后得到准确合理的时期和队列曲线。我们使用我们所确信之物（年龄效应）的实际知识来估计我们知之甚少的两个因素：时期效应和队列效应。基于实际知识的年龄效应曲线产生了一条符合犯罪学家预期的时期效应曲线。基于最优真实年龄曲线的时期曲线见图 7－2b，该曲线在 1990 年前呈现波动下降趋势，且在 1990 年后的下降趋势更加显著。这与近 20 年来凶杀犯罪以及《统一犯罪报告》（UCR）中所记录的其他暴力犯罪、财产犯罪的迅速减少相一致。值得注意的是，这条曲线是建立在真实拟合年龄曲线而不是拟合时期曲线的基础上的，是置于年龄效应曲线之上的约束条件的衍生。age1 = age3 的解和 age4 = age5 的解在 1990 年之后都呈现这种显著的时期下降趋势。age1 = age3 的约束条件呈现更少的时期趋势，如果有的话也是在 1990 年之后；而 age4 = age5 的解在 1970 年之后便呈现一种下降趋势更明显的时期效应模式。基于 age4 = age5 的解的这种模式可能要比犯罪学家所预期的更加极端，但它也可以体现《统一犯罪报告》（UCR）中所呈现的犯罪活动迅速减少这一事实。这其中的每种模拟都证实了 O'Brien 所提出的观点，即凶杀犯罪率在 1965～1970 年上升。O'Brien 认为，这一暴力犯罪的激增导致刑事司法系统投资增加，并最终导致对犯罪的斗争。

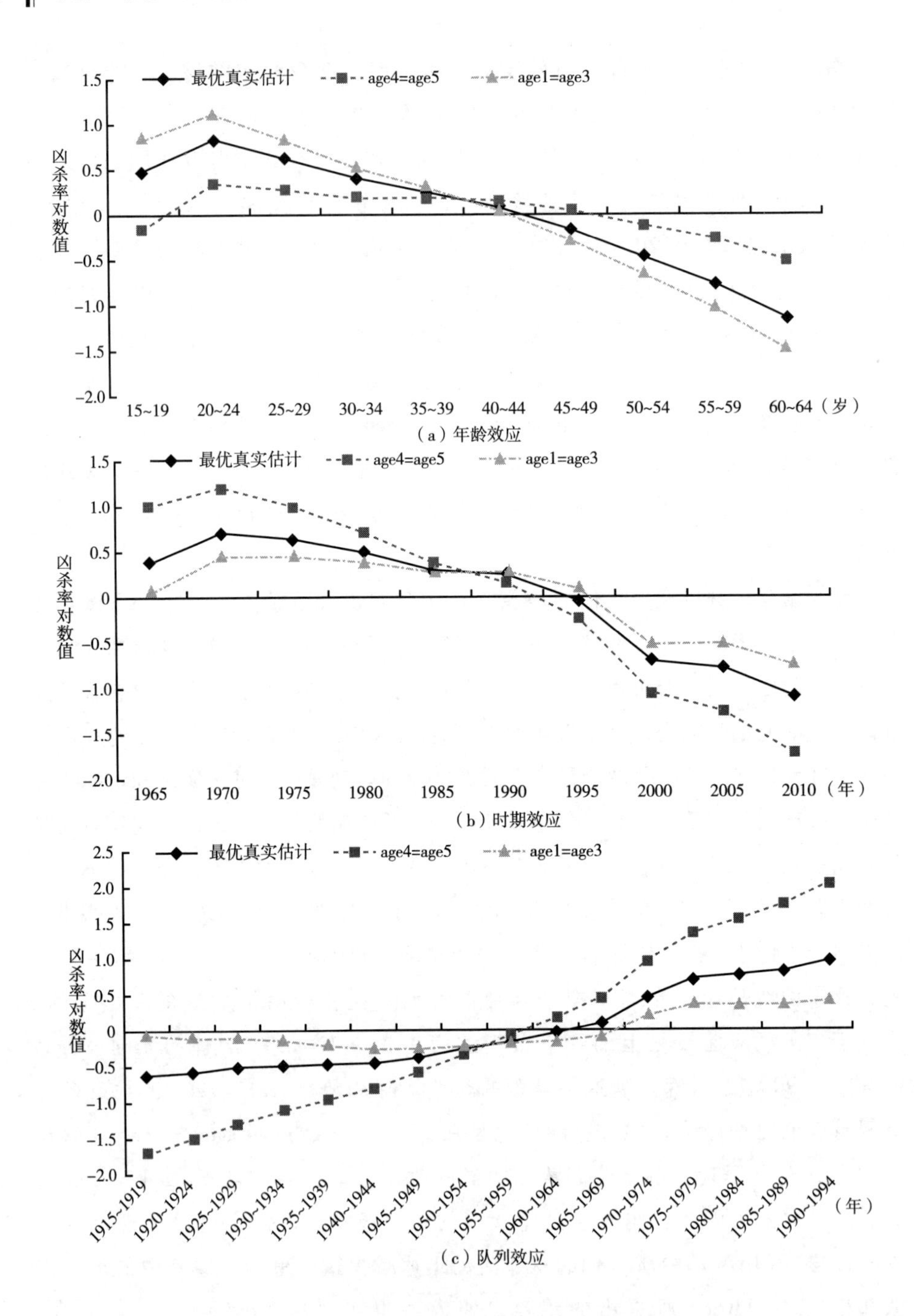

图 7-2 基于使用凶杀犯罪年龄效应曲线实际估计值所得模拟结果的年龄、时期及队列效应

在犯罪学和社会学中更具争议的（或者只是未知）是凶杀率的队列效应随时间的变化趋势。如果在最优真实知识和两个边界条件方面对年龄效应进行了合理的约束，那么我们就可以获得关于队列效应随时间变化的一些信息。使用最优估计，我们发现队列效应存在单调的线性上升趋势，且在二战后这一上升趋势尤为明显。age4 = age5 的解甚至显示出更显著的队列效应上升趋势（上升斜率更大）。age1 = age3 的队列效应约束估计值直到二战之后也没有呈上升趋势（实际上有轻微下降），其队列效应在 1975 ~ 1979 年出生队列之前呈上升趋势，随后便几乎没有明显变化，但相比于早期的队列效应，其值保持在相对较高的水平上。

即使我们使用两个边界条件来设定凶杀犯罪的年龄效应曲线，从这一分析中得出的结论仍然具有争议。例如，1965 ~ 2010 年时期系数的总体趋势为负。重要的是，不论我们使用的是最优真实解还是边缘解，时期系数都会在 1990 年之后呈现明显的下降趋势。出生于 1915 ~ 1919 年至 1990 ~ 1994 年的个体的队列效应总体呈上升趋势，这一趋势在 1945 ~ 1949 年到 1990 ~ 1994 年出生队列中表现尤为显著。从 1915 ~ 1919 年到 1940 ~ 1944 年出生队列，以及从 1945 ~ 1949 年到 1990 ~ 1994 年出生队列的斜率变化是一个可估函数，这一点在所有约束解中均相同，包括表 7 - 3 中的三种解。第一组队列的斜率与第二组队列的斜率之间的差异具有统计学意义（$p < 0.001$），第二组队列的斜率比第一组队列的斜率大 0.128。

7.2.3 利用队列特征估计凶杀犯罪模型

本节将利用曾在第 6 章中用来考察因素 - 特征模型中年龄 - 时期别自杀率的两个队列特征［相对队列规模（RCS）和非婚生育数（NMB）］来分析凶杀犯罪数据。然而，这次的重点在于这些队列特征与凶杀犯罪的关系，以及对比这些结果与前一节中基于 s - 约束回归的结果，以观察这些结果是否一致。表 7 - 4 的第一列给出了年龄 - 时期（AP）模型的结果。在该模型中，年龄 - 时期别凶杀犯罪率对数值通过年龄和时期的分类变量进行回归分析。年龄效应在 20 ~ 24 岁之后存在单调递减趋势。然而，就假设的年龄效应分布而言，15 ~ 19 岁年龄组的年龄效应（0.959）要高于 25 ~ 29 岁年龄组的（0.830），这并不符合基于实际知识和理论的年龄效应。但是在将队列因素从模型中省略的情况下，年龄与时期分类编码的变量就囊括了队列效应中的所有线性趋势。这一模型解释了年龄－时期别凶杀犯罪率对数值95.28%的方差。

表7－4 年龄－时期别凶杀犯罪率对数值数据的年龄－时期模型以及年龄－时期－队列特征模型

	年龄－时期模型系数	APCC模型系数
截距	1.856***	－2.191*
15～19岁	0.986***	0.212
20～24岁	1.205***	0.643***
25～29岁	0.866***	0.494***
30～34岁	0.511***	0.312***
35～39岁	0.2486***	0.215***
40～44岁	－0.040	0.071
45～49岁	－0.348***	－0.096
50～54岁	－0.741***	－0.350***
55～59岁	－1.114***	－0.586***
60～64岁	－1.574 Ref†	－0.915 Ref†
1965年	－0.050	0.610***
1970年	0.362***	0.890***
1975年	0.371***	0.761***
1980年	0.320***	0.571***
1985年	0.189*	0.300***
1990年	0.224**	0.190***
1995年	0.080	－0.119*
2000年	－0.487***	－0.859***
2005年	－0.415***	－0.977***
2010年	－0.592 Ref†	－1.367 Ref†
Ln(RCS)	—	0.931***
Ln(NMB)	—	1.075***

* $p<0.05$，** $p<0.01$，*** $p<0.001$（双尾检验）。

†标记了Ref的系数是每个模型中年龄和时期的参照类别。

将两个队列特征加入 AP 模型之后（结果的第二列），它们均在 0.001 水平上具有统计学意义。由于这两个自变量均是像因变量那样的对数形式，因此系数可以解释为弹性。在控制模型中其他自变量的情况下，RCS 每提高 1%，年龄 - 时期别凶杀犯罪率就会提高 0.931%；NMB 每提高 1%，年龄 - 时期别凶杀犯罪率就会提高 1.075%。本质而言，这些都属于强关联。这一模型能够解释的年龄 - 时期别凶杀犯罪率对数值 97.97% 的方差，所解释的方差比例仅提升了 1.99%，但它通过改变年龄和时期的斜率而极大地改变了它们的系数结果。这一情况发生的原因是，通过队列特征所测得的队列效应随时间变化的趋势并不为零。实际上，这一趋势中的正斜率相当大，如图 7 - 3 所示。

最后一个统计量比较了由队列特征解释的方差比例以及由队列解释的方差比例。APC 全模型解释了年龄 - 时期别凶杀犯罪率 98.30% 的方差，而 AP 模型仅能解释其中 95.98% 的方差。也就是说，队列特征所解释的额外方差潜在量为 2.32%。在 AP 模型中加入队列特征可以额外解释 1.99% 的方差，即由队列解释的方差的 85.78% [（1.99/2.32）×100]。然而，由于 AP 模型解释了队列中的所有线性效应，队列系数的任何线性效应都不会影响这个方差比例。因此，尽管这一测量是可靠的，但其并不能告诉我们队列特征是否解释了队列效应中的线性趋势。

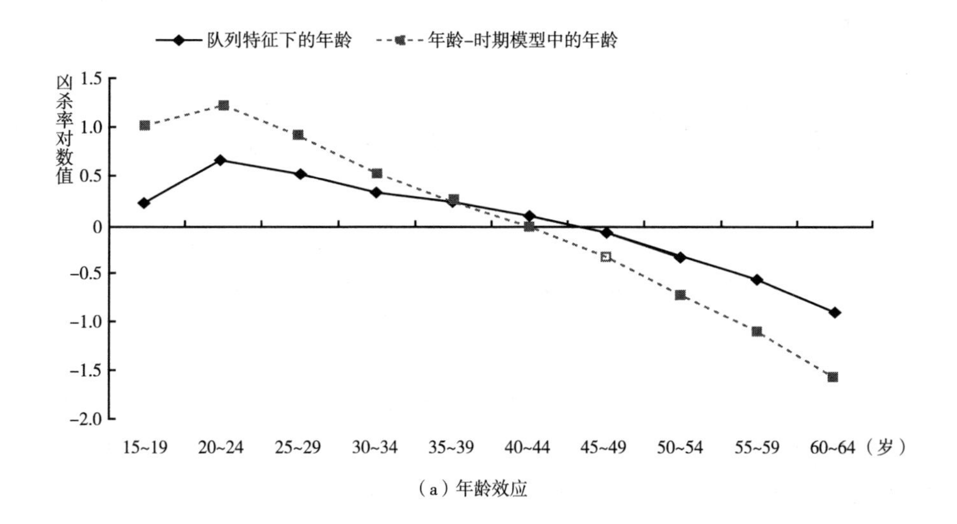

（a）年龄效应

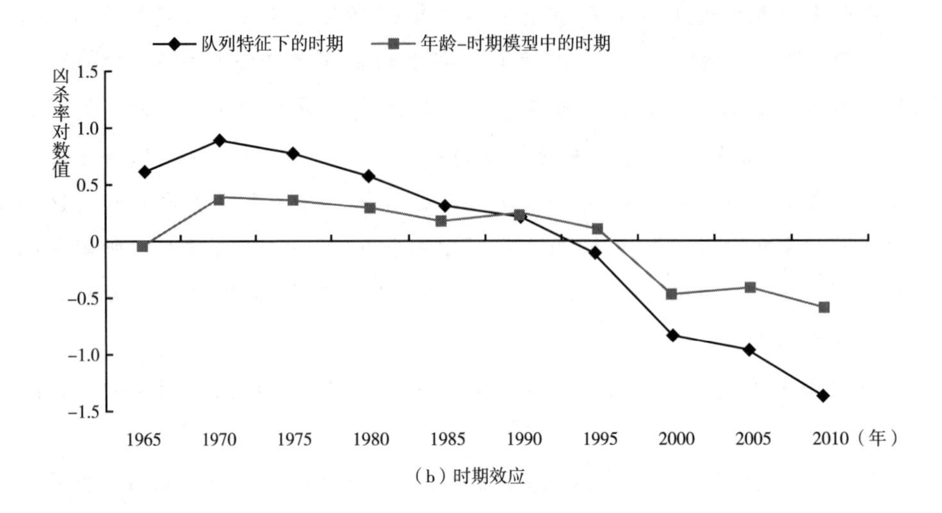

（b）时期效应

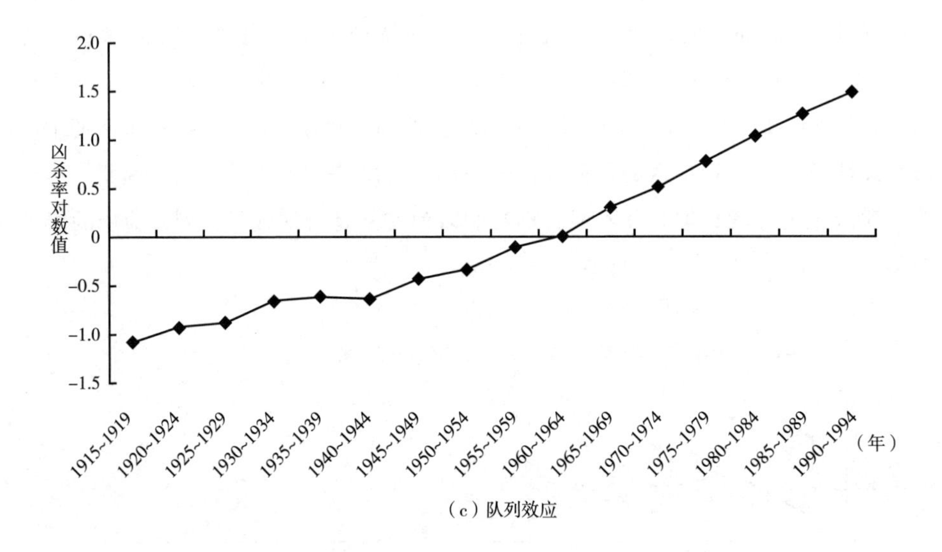

（c）队列效应

图 7-3　年龄-时期模型以及 APCC 模型中的年龄、时期及队列效应估计结果

图 7-3 比较了 APCC 模型和 AP 模型的分析结果。AP 模型通过不将队列纳入模型来将队列效应中的趋势约束为零，而年龄和时期效应则囊括了队列效应中的所有线性趋势。当队列特征被纳入之后，在某种意义上，它们会约束年龄和时期效应的估计值。从图 7-3c 中我们可以看出，基于 APCC 模型的队列效应从

1915 ~ 1919 年到 1990 ~ 1994 年出生队列呈单调递增趋势。[①] 在 APCC 模型中加入队列特征后，这些队列特征控制了原本在年龄和时期效应中呈现的这种单调递增的线性趋势。

在图 7 – 3a 中我们可以看到，在未加入队列特征的 AP 模型（短划线）中，15 ~ 19 岁人群的年龄效应较 25 ~ 29 岁人群大，这与基于实际知识所得到的假定关系相矛盾。然而，当在模型中加入队列特征（实线）之后，年龄效应就符合实际标准了。年龄效应在 20 ~ 24 岁之后存在单调递减趋势，且 15 ~ 19 岁的凶杀犯罪率比 25 ~ 29 岁的小。AP 模型与 APCC 模型之间的年龄效应差异可以通过队列效应来解释，见图 7 – 3c。不出所料，由于 AP 模型中队列效应为零值，而 APCC 模型中队列效应为正值（图 7 – 3c），APCC 模型中年龄效应的斜率较 AP 模型中年龄效应的斜率负向性更小（正向性更强）。相应地，APCC 模型中时期效应的斜率较 AP 模型中时期效应的斜率负向性更大。解的线性成分正如预期那样被旋转了，解中的队列效应上升趋势越强，年龄效应斜率的正向性就会越强，而时期效应斜率的正向性就会越弱。

最后一步是比较基于实际知识生成的约束条件（最优估计和边缘解）所得到的解和基于 APCC 方法对效应的估计所得到的解，对比结果见图 7 – 4。需要注意的是，实际生成的 *s* – 约束解是很多个约束解中恰好可识别 APC 模型的解。包含了两个队列特征的 APCC 模型并不是 APC 全模型的最小二乘解。但正如我们所看到的那样，这些队列特征的任何线性效应都会使年龄和时期系数趋势发生系统性的变化。从图 7 – 4a 中可以看出，由队列特征所产生的年龄效应估计值与我们的最优真实解相似，且在边界范围内与合理的真实解匹配良好。APCC 中的年龄效应估计值比笔者所选出的最优真实解的斜率的负向性更小。APCC 模型中的时期效应估计值很好地匹配了由 *s* – 约束法所产生的真实解的边界之内，其斜率比最优真实解的斜率的负向性更强。APCC 模型中的队列效应估计值与合理的真实解匹配良好，且斜率的正向性略高于最优真实解。需要注意的是，APCC 解的线性趋势偏差与三种（约束）解并不完全一致。由于这三种约束解是可估函数，所以它们的线性趋势偏差完全一致。

---

① 队列效应通过以下方式计算。每个队列的 RCS 和 NMB 都有各自的取值，我们将这些值取对数，并将其与表 7 – 4 中的 RCS 系数对数值以及 NMB 系数对数值相乘。将这些系数乘以队列特征的观测值，再求和，便可以得到队列效应的估计值。由于对基于效应编码的队列效应进行了中心化处理，我们也对这些效应进行相同的处理，即图形是基于可估队列效应与队列效应均值的偏差而绘出的。

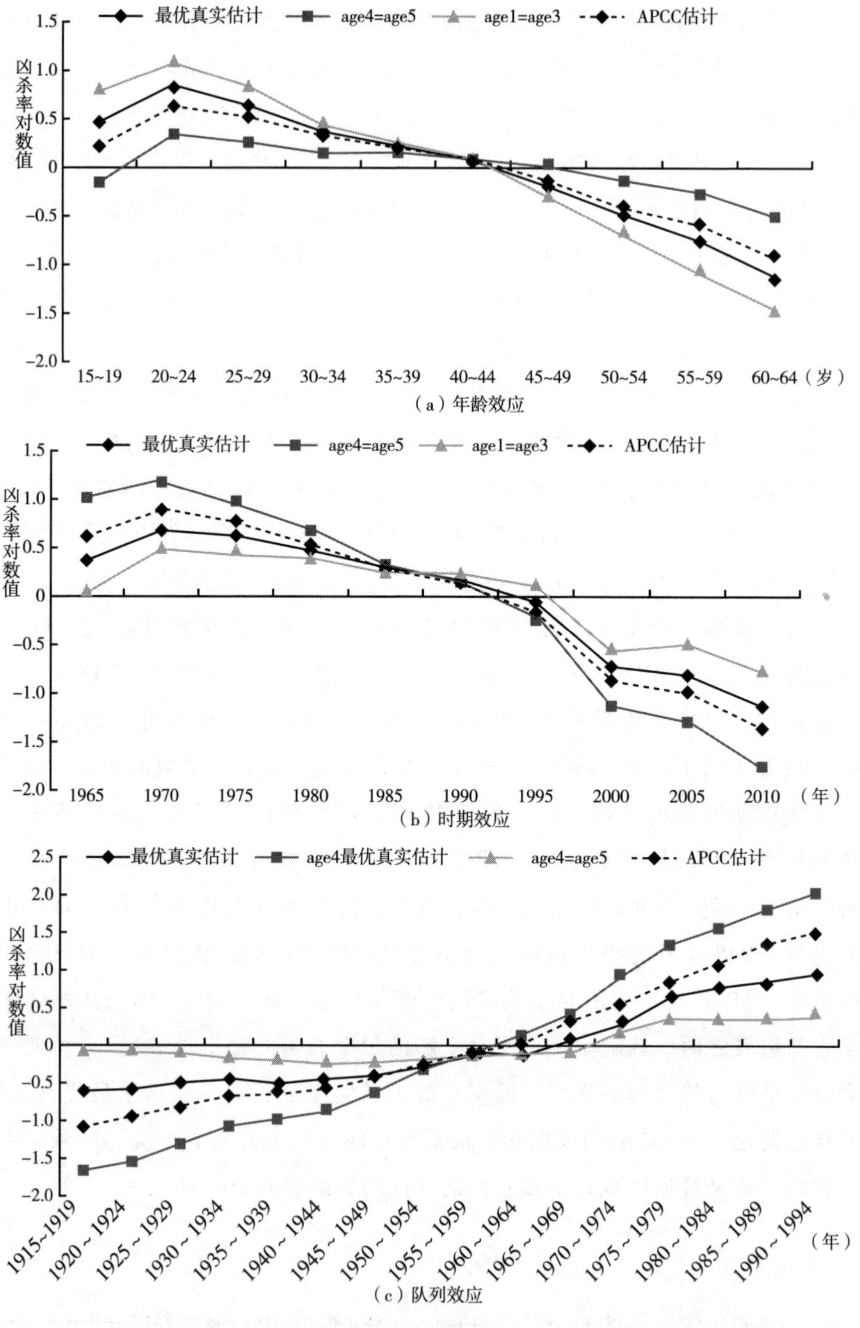

（a）年龄效应

（b）时期效应

（c）队列效应

图 7-4　最优真实估计值及其边界以及年龄 - 时期 - 队列特征估计值

7.2.4 凶杀率分析总结

在笔者看来，这一实证案例所概述的方法是研究者应当采用的一种稍具普遍性的方法，尤其适用于那些需要从量化数据中搜寻关于年龄、时期及队列效应的实际知识的研究者。也就是说，在这种方法中存在大量可用的分析工具，其中很多种在本书中都有所强调。综合使用这些分析工具，我们便可以得到关于年龄、时期和队列效应的一些知识。当基于实际知识和理论的不同方法产生了相似的结果时，这有助于证实各类分析的合理性。例如，在约束解中，1915～1944 年与 1945～1990 年之间的队列趋势差异为 0.128（$p<0.001$），这是一个可估函数，其并不取决于所使用的约束条件。对基于两个队列特征的队列效应而言，这两个趋势间的差异则为 0.125（$p<0.01$），而两种情况下的晚近队列趋势都是上升的。队列特征对这一趋势变化的建模堪称完美，这增加了笔者的信心，但这并不能保证在这两组队列趋势的内部差异几乎相同的情况下，总体趋势与仅由生成参数所得到的趋势是相同的。

使用了笔者的年龄效应最优真实估计之后，队列效应趋势单调递增，且基于 APCC 模型的估计值亦是如此（除了 APCC 所得出的队列效应的上升趋势略强之外）。当 15～19 岁年龄组人群的凶杀犯罪率与 25～29 岁年龄组的凶杀犯罪率相同时，边缘解便会产生总体呈上升趋势的队列效应，但前几个队列的趋势与此不符。

同样，我们还可以用这些方法得到时期效应的相关信息。与较早时期相比，晚近时期的下降趋势更明显。尽管大多数犯罪学家并不会对时期效应在 1990 年之后的下降趋势感到意外，但是他们对时期效应和队列效应的趋势还是知之甚少，不过他们对于年龄效应的看法相当一致。这里所提出的约束条件设定方法的一个优势在于：我们可以使用熟知的事物（年龄效应）的实际知识来获取关于我们所不了解或至少不确定的事物（时期和队列效应）的知识。

7.3 结论

这些应用于凶杀逮捕分析的方法包含了很多其他章节的技术。我们不仅检验了年龄、时期及队列是否存在特异的非线性效应，还使用了图形来呈现来自年龄、时期及队列效应线性趋势的偏差以及队列内的趋势转变。这些就是可估函数，它们是这些函数中结果变量生成参数的无偏估计（第 4 ~ 5 章）。需要谨记的一点是，如果模型是可识别的，那么这些可估函数和由 APC 全模型所获得的个体系数具有相同的可信度。

由于 s - 约束法依赖于约束回归，因而依赖于约束条件设定的合理性（第 2 ~ 3 章），所以 s - 约束法是一种“高风险”的方法。通过设定边缘约束条件可以降低这一风险（其并没有消除它），边缘约束条件即合理的因素效应的边界，我们通过最优真实知识和理论来确定这一边界。最后使用的方法是用于估计年龄 - 时期 - 队列特征（APCC）模型中年龄、时期及队列效应的因素 - 特征法（第 6 章）。这一技术所得出的结果与所使用的特征几乎相同。在使用凶杀犯罪数据的案例中，这组使用不同方法所得出的结果可以合理且可靠地估计出1965 ~ 2010 年的凶杀犯罪的年龄、时期及队列效应。

最后这个实证案例的用途不止一个，它利用一个重要的案例再次呈现了本书考察过的一些技术，也强调了在面临 APC 模型难题的估计任务时利用多元化方法的重要性。可估函数提供的答案与任何标准的识别回归分析同样可靠，但前者并没有直接回答那些最受人关注的问题，即得到结果数据的个体年龄、时期及队列效应的无偏估计是什么。s - 约束回归法直接回答了这个广受关注的问题，但是这些回答需要建立在正确或近似正确的约束条件之上，这些约束条件需要更具有合理性而不是仅仅更加引人注目。约束条件的合理性应该建立在强有力的实际知识和理论之上。在控制了其他两个因素的情况下，我们可以使用因素 - 特征法来估计特征的作用。其他两个因素的系数并不是特别可信，除非特征捕捉到了它们所测量的因素的生成参数中的线性趋势。在此情况下，由队列特征所捕捉到的线性效应所产生的结果与笔者的最优真实估计值相一致。

最后这个实证案例本着 Kupper、Janis、Salama、Yoshizawa 以及 Greenberg（1983：2803）的精神而呈现于此，他们提到：“由于观测到的Y_{ij}的 s 值对于确定 c（约束条件）没有帮助，所以只能利用研究中潜在的与年龄、时期及队列效应参数有关的任何合理可信的、先验的、独立于数据的知识。”他们还指出，应该在强有力的证据的基础上来设定约束条件，而不能依靠尚在考虑中的、自认为可能有用的数据。“如果通过使用这些基于理论基础（先验的）的不同的约束条件所得到的不同组估计值是高度一致的，那么研究者可以有理由相信这一组年龄、时期、及队列效应估计的准确性。”本章使用一系列技术来合理地估计年龄、时期及队列效应，且它们的结果高度一致。然而，考虑到方法上的谦虚与谨慎，笔者注意到这些估计都是基于对某种情况下年龄效应曲线的合理形状和另一些情况下队列特征的恰当性的假设之上的。

参考文献

Blumstein, A. 1995. Youth violence, guns and the illicit-drug industry. *Journal of Criminal Law and Criminology* 86: 10 - 36.

Centers for Disease Control and Prevention. 2012. Underlying cause of death 1999 - 2010 on CDC WONDER. Online Database released 2012, http://wonder.cdc.gov/ucd-icd10.html (accessed Jul 2, 2013), and www.cdc.gov/nchs/data/pop6097.

Cohen, J., D. Cork, J. Engberg, and G. Tita. 1998. The role of drug markets and gangs in local homicide rates. *Homicide Studies* 2: 241 - 62.

Cork, D. 1999. Examining space-time interaction in city-level homicide data: Crack markets and the diffusion of guns among youth. 1999. *Journal of Quantitative Criminology* 15: 379 - 406.

Daly, M., and M. Wilson. 1988. *Homicide*. Hawthorne, NY: Aldine de Gruyter.

Easterlin, R. 1978. What will 1984 be like? Socioeconomic implications of recent twists in age structure. *Demography* 15: 397 - 421.

Easterlin, R. 1987. *Birth and Fortune: The Impact of Numbers on Personal Welfare*. Chicago: University of Chicago Press.

Eisner, M. 2003. Long term historical trends in violent crime. *Crime & Justice: A Review of Research* 30: 83 - 142.

Federal Bureau of Investigation. Various years. *Crime in the United States*. Washington D. C.: Government Printing Office.

Glenn, N. D. 2005. *Cohort Analysis* (2nd edition). Thousand Oaks, CA: Sage.

Hiraiwa-Hasegawa, M. 2005. Homicide by men in Japan, and its relationship to age, resources, and risk taking. *Evolution and Human Behavior* 26: 322 - 43.

Hirschi, T., and M. R. Gottfredson. 1983. Age and the explanation of crime. *American Journal of Sociology* 89: 552 - 84.

Kupper, L. L., J. M. Janis, I. A. Salama, C. N. Yoshizawa, and B. G. Greenberg. 1983. Age-period-cohort analysis: An illustration of the problems in assessing interactions in one observation per cell data. *Communications in Statistics—Theory and Methods* 12: 2779 - 807.

Macunovich, D. J. 1999. The fortunes of one's birth: Relative cohort size and the youth labor market in the United States. *Journal of Population Economics* 12: 215 - 72.

Martin, J. A, B. E. Hamilton, S. J. Ventura, et al. 2012. *Births: Final Data for* 2010. *National Vital Statistics Reports*, vol. 61 number 1. Hyattsville, MD: National Center for Health Statistics.

O'Brien, R. M. 2003. UCR violent crime rates, 1958 - 2000: Recorded and offendergenerated trends. *Social Science Research*, 32: 499 – 518.

O'Brien, R. M., J. Stockard, and L. Isaacson. 1999. The enduring effects of cohort size and percent of nonmarital births on age-specific homicide rates, 1960 – 1995. *American Journal of Sociology* 104: 1061 – 95.

Savolainen, J. 2000. Relative cohort size and age-specific arrest rates: A conditional interpretation of the Easterlin effect. *Criminology* 38: 117 – 36.

Stockard, J., and R. M. O'Brien. 2002. Cohort effects on suicide rates: International variations. *American Sociological Review* 67: 854 – 72.

U. S. Bureau of the Census. Various years. Numbers 98, 114, 170, 519, 870, 1000, 1022, 1058, 1127, and for 1995 – 2010 online. *Current Population Surveys*: *Series* 25. Washington D. C.: Government Printing Office.

U. S. Bureau of the Census. 1946, 1990. *Vital Statistics of the United States*: *Natality*. Washington D. C.: Government Printing Office.

Wilson, M., and M. Daly. 1993. A lifespan perspective on homicidal violence: The young male syndrome. In *Proceedings of the 2nd Annual Workshop of the Homicide Research Working Group*, ed. C. R. Block and R. L. Block, 29 – 38. Washington D. C.: National Institute of Justice.

Yang, Y., W. J. Fu, and K. C. Land. 2004. A methodological comparison of age-period-cohort models: Intrinsic estimator and conventional generalized linear models. In *Sociological Methodology*, ed. R. M. Stolzenberg, 75 – 110. Oxford: Basil Blackwell.

Yang, Y., S. Schulhofer-Wohl, W. J. Fu, and K. C. Land. 2008. The intrinsic estimator for age-period-cohort analysis: What it is and how to use it. *American Journal of Sociology* 113: 1697 – 736.

索 引

A

B

C

D

E

F

G

H

I

L

M

N

O

P

R

S

T

U

V

W

Z

译后记

自我开始接触年龄－时期－队列模型以来已有四个年头，这期间也发表过一些有关的成果，但深感这一领域的博大精深，尤其是模型估算的基本原理，还需要进行非常系统的、深入的学习和研读，同时也深感国内此类教材教参资料的匮乏。在 2016 年上海大学暑期定量方法培训班学习期间，有幸聆听了北卡罗来纳大学教堂山分校社会学系杨扬教授的授课，这更加激发了我系统学习和了解该研究方法的兴趣，同时也萌生了翻译相关著作的想法。在和我带的研究生商议之后，就有了后来本书的翻译和出版。

翻译之前，我和姜俊丰事先确定了本书索引中关键词的翻译，从而确保全书关键词的翻译统一。然后各个章节确定一名研究生进行初译，具体分工如下：前言部分由王培刚翻译；第 1 章由沈丽琼翻译；第 2 章由张琳翻译；第 3 章由张刚鸣翻译；第 4 章由刘艺敏翻译；第 5 章由张玲翻译；第 6 章由朱赵明翻译；第 7 章由姜俊丰翻译。姜俊丰、刘艺敏、朱赵明、胡琴、张玲、张刚鸣等同学参与了不同章节的交叉翻译校对。由于书稿涉及大量方法原理，比较晦涩难懂，初稿质量不是特别理想，以上同学在校对过程中也付出了大量的劳动，特别是姜俊丰在翻译过程中还参与了全书翻译的协调和校对。最后，由我对全书译稿进行了校对、修订和统稿。在翻译过程中，我还不断组织各位同学参与翻译环节的讨论，这也进一步加深了大家对相关知识的理解。

此外，我在此还想感谢社会科学文献出版社的杨桂凤编辑。杨编辑作为本译著的责任编辑，在本书翻译及校对的过程中一直认真帮助完善译稿中的疏漏之处，积极与我保持沟通并反馈意见，为该书译稿的出版付出了大量心血，在此表示深深的谢意。

由于时间和水平有限，该书稿的翻译难免存在疏漏之处，希望读者能够不吝赐教、批评指正。

王培刚

2018 年 4 月 1 日于珞珈山下

图书在版编目(CIP)数据

年龄 - 时期 - 队列模型：聚合数据分析方法 / (美) 罗伯特 · M. 奥布莱恩 (Robert M. O'Brien) 著；王培刚等译. -- 北京：社会科学文献出版社，2018.10

(社会学教材教参方法系列)

书名原文：Age-Period-Cohort Models：Approaches and Analyses with Aggregate Data

ISBN 978 - 7 - 5201 - 2957 - 2

Ⅰ. ①年… Ⅱ. ①罗… ②王… Ⅲ. ①统计数据 - 统计分析 Ⅳ. ①O212.1

中国版本图书馆 CIP 数据核字 (2018) 第 134083 号

社会学教材教参方法系列

年龄 - 时期 - 队列模型

——聚合数据分析方法

著　　者 / [美] 罗伯特 · M. 奥布莱恩 (Robert M. O'Brien)

译　　者 / 王培刚　姜俊丰 等

出 版 人 / 谢寿光

项目统筹 / 杨桂凤

责任编辑 / 杨桂凤　杨鑫磊

出　　版 / 社会科学文献出版社 · 社会学出版中心 (010) 59367159

地址：北京市北三环中路甲 29 号院华龙大厦　邮编：100029

网址：www. ssap. com. cn

发　　行 / 市场营销中心 (010) 59367081　59367018

印　　装 / 三河市龙林印务有限公司

规　　格 / 开　本：787mm × 1092mm　1/16

印　张：13　字　数：229 千字

版　　次 / 2018 年 10 月第 1 版　2018 年 10 月第 1 次印刷

书　　号 / ISBN 978 - 7 - 5201 - 2957 - 2

著作权合同登记号 / 图字 01 - 2017 - 4966 号

定　　价 / 69.00 元

本书如有印装质量问题，请与读者服务中心 (010 - 59367028) 联系